HOW TO PLAY

Fill the empty spaces "_____" with the right number (whole number) or the right operator.

Page: 3

Date:

1) 2 + 8 = _____	8) 7 x 6 = _____	15) 4 + 2 = _____
2) 8 - 2 = _____	9) 1 + 4 = _____	16) 5 ÷ 5 = _____
3) 7 x 4 = _____	10) 3 ÷ 3 = _____	17) 5 ÷ 5 = _____
4) 8 - 2 = _____	11) 2 ÷ 2 = _____	18) 1 x 5 = _____
5) 7 - 1 = _____	12) 2 + 7 = _____	19) 6 ÷ 3 = _____
6) 3 x 5 = _____	13) 1 + 3 = _____	20) 5 - 3 = _____
7) 8 - 4 = _____	14) 4 - 3 = _____	21) 2 ÷ 2 = _____

Page: _4_   Date:

1) 6 x 6 = ____	8) 6 - 6 = ____	15) 6 + 6 = ____
2) 4 + 5 = ____	9) 7 x 1 = ____	16) 7 + 8 = ____
3) 3 x 5 = ____	10) 8 x 5 = ____	17) 2 x 7 = ____
4) 7 x 8 = ____	11) 3 ÷ 3 = ____	18) 5 x 2 = ____
5) 1 + 5 = ____	12) 6 + 5 = ____	19) 3 ÷ 3 = ____
6) 6 ÷ 2 = ____	13) 5 x 6 = ____	20) 1 - 1 = ____
7) 8 - 3 = ____	14) 7 x 8 = ____	21) 7 ÷ 7 = ____

Page: 5   **Date:**

1) 5 + 8 = _____	8) 1 ÷ 1 = _____	15) 5 - 2 = _____
2) 2 - 2 = _____	9) 3 ÷ 3 = _____	16) 8 ÷ 8 = _____
3) 3 + 3 = _____	10) 7 x 2 = _____	17) 5 - 4 = _____
4) 4 x 6 = _____	11) 3 x 4 = _____	18) 7 + 7 = _____
5) 6 x 8 = _____	12) 6 - 2 = _____	19) 6 + 7 = _____
6) 2 + 6 = _____	13) 4 ÷ 2 = _____	20) 1 + 6 = _____
7) 2 ÷ 2 = _____	14) 4 - 1 = _____	21) 6 + 6 = _____

Page: 6

Date:

1) 8 x 2 = _____	8) 1 x 1 = _____	15) 4 x 4 = _____
2) 3 ÷ 3 = _____	9) 5 x 2 = _____	16) 2 x 6 = _____
3) 8 ÷ 8 = _____	10) 8 - 6 = _____	17) 8 - 3 = _____
4) 8 + 3 = _____	11) 5 ÷ 5 = _____	18) 1 x 8 = _____
5) 2 + 3 = _____	12) 5 - 4 = _____	19) 8 x 2 = _____
6) 7 - 4 = _____	13) 3 + 5 = _____	20) 7 ÷ 7 = _____
7) 4 - 4 = _____	14) 3 ÷ 3 = _____	21) 6 - 3 = _____

Page: 7

Date:

1) $1 \div 1 =$ _____	8) $8 + 4 =$ _____	15) $8 - 2 =$ _____
2) $6 + 8 =$ _____	9) $3 \div 3 =$ _____	16) $4 + 5 =$ _____
3) $5 - 3 =$ _____	10) $8 \times 3 =$ _____	17) $4 \times 8 =$ _____
4) $5 + 1 =$ _____	11) $8 - 4 =$ _____	18) $1 + 7 =$ _____
5) $5 \div 5 =$ _____	12) $4 \div 2 =$ _____	19) $7 \div 7 =$ _____
6) $5 + 1 =$ _____	13) $3 - 3 =$ _____	20) $1 \div 1 =$ _____
7) $7 \times 6 =$ _____	14) $8 - 7 =$ _____	21) $8 - 1 =$ _____

Page: _8_   Date:

1) 8 x 7 = ____	8) 1 x 4 = ____	15) 6 x 6 = ____
2) 3 x 5 = ____	9) 5 - 1 = ____	16) 1 x 3 = ____
3) 5 x 7 = ____	10) 5 ÷ 5 = ____	17) 7 + 5 = ____
4) 7 - 4 = ____	11) 5 + 6 = ____	18) 3 ÷ 3 = ____
5) 1 ÷ 1 = ____	12) 5 ÷ 5 = ____	19) 4 - 1 = ____
6) 8 x 4 = ____	13) 3 + 4 = ____	20) 4 ÷ 4 = ____
7) 4 - 2 = ____	14) 3 + 3 = ____	21) 6 - 5 = ____

Page: _9_   **Date:**

1) 8 - 5 = _____	8) 6 ÷ 2 = _____	15) 2 ÷ 2 = _____
2) 7 x 7 = _____	9) 7 ÷ 7 = _____	16) 6 ÷ 6 = _____
3) 4 + 3 = _____	10) 7 - 3 = _____	17) 6 - 6 = _____
4) 8 ÷ 4 = _____	11) 7 - 6 = _____	18) 7 ÷ 7 = _____
5) 8 x 7 = _____	12) 8 x 3 = _____	19) 4 - 1 = _____
6) 6 ÷ 2 = _____	13) 6 - 6 = _____	20) 8 x 5 = _____
7) 3 x 3 = _____	14) 6 + 3 = _____	21) 6 ÷ 3 = _____

Page: *10*   **Date:**

1) 5 x 4 = _____	8) 2 x 6 = _____	15) 4 ÷ 4 = _____
2) 1 + 4 = _____	9) 3 + 1 = _____	16) 3 x 8 = _____
3) 3 ÷ 3 = _____	10) 5 - 2 = _____	17) 8 ÷ 8 = _____
4) 1 ÷ 1 = _____	11) 8 x 6 = _____	18) 7 + 6 = _____
5) 2 x 2 = _____	12) 8 ÷ 8 = _____	19) 4 ÷ 2 = _____
6) 5 ÷ 5 = _____	13) 6 - 6 = _____	20) 4 ÷ 2 = _____
7) 3 ÷ 3 = _____	14) 2 + 3 = _____	21) 4 ÷ 2 = _____

Page: *11*

Date:

1) 7 - 5 = _____	8) 7 x 7 = _____	15) 4 ÷ 4 = _____
2) 4 - 2 = _____	9) 4 ÷ 2 = _____	16) 1 + 3 = _____
3) 4 ÷ 4 = _____	10) 5 ÷ 5 = _____	17) 2 x 2 = _____
4) 1 ÷ 1 = _____	11) 3 - 2 = _____	18) 8 ÷ 4 = _____
5) 6 x 8 = _____	12) 2 + 3 = _____	19) 5 - 1 = _____
6) 5 ÷ 5 = _____	13) 2 x 1 = _____	20) 1 x 5 = _____
7) 3 ÷ 3 = _____	14) 3 - 2 = _____	21) 2 ÷ 2 = _____

Page: _12_   **Date:**

1) 1 + 1 = ____	8) 6 x 7 = ____	15) 5 - 1 = ____
2) 5 - 5 = ____	9) 6 - 5 = ____	16) 5 + 6 = ____
3) 8 ÷ 2 = ____	10) 6 x 7 = ____	17) 3 ÷ 3 = ____
4) 1 ÷ 1 = ____	11) 1 x 4 = ____	18) 3 x 6 = ____
5) 6 - 5 = ____	12) 8 - 5 = ____	19) 6 - 5 = ____
6) 7 + 1 = ____	13) 7 - 3 = ____	20) 8 - 5 = ____
7) 8 + 1 = ____	14) 6 - 5 = ____	21) 3 + 4 = ____

Page: 13   **Date:**

1) 5 + 4 = _____	8) 3 - 3 = _____	15) 6 - 3 = _____
2) 1 + 6 = _____	9) $4 \div 2$ = _____	16) $4 \div 4$ = _____
3) 1 x 2 = _____	10) $3 \div 3$ = _____	17) 1 x 4 = _____
4) 6 + 5 = _____	11) 3 x 6 = _____	18) 4 x 2 = _____
5) 5 x 5 = _____	12) $1 \div 1$ = _____	19) $8 \div 4$ = _____
6) 2 + 3 = _____	13) $8 \div 4$ = _____	20) 5 x 8 = _____
7) 2 x 2 = _____	14) 1 + 8 = _____	21) $1 \div 1$ = _____

Page: *14*   Date:

1) 7 + 6 = _____	8) 4 + 3 = _____	15) 6 x 5 = _____
2) 5 - 4 = _____	9) 2 ÷ 2 = _____	16) 1 ÷ 1 = _____
3) 3 + 4 = _____	10) 5 + 5 = _____	17) 7 - 3 = _____
4) 3 ÷ 3 = _____	11) 2 ÷ 2 = _____	18) 5 - 4 = _____
5) 2 - 2 = _____	12) 7 ÷ 7 = _____	19) 6 - 1 = _____
6) 5 + 1 = _____	13) 1 ÷ 1 = _____	20) 3 + 5 = _____
7) 6 x 3 = _____	14) 5 - 3 = _____	21) 8 - 3 = _____

Page: _15_   **Date:**

1) 4 + 7 = _____	8) 1 + 7 = _____	15) 6 - 5 = _____
2) 4 x 1 = _____	9) 8 - 4 = _____	16) 2 x 1 = _____
3) 2 + 1 = _____	10) 7 - 5 = _____	17) 4 - 1 = _____
4) 8 + 7 = _____	11) 2 x 4 = _____	18) 6 - 4 = _____
5) 2 x 4 = _____	12) 8 + 4 = _____	19) 2 - 1 = _____
6) 7 - 7 = _____	13) 7 ÷ 7 = _____	20) 2 + 3 = _____
7) 6 ÷ 2 = _____	14) 6 - 1 = _____	21) 7 - 5 = _____

Page: *16*   **Date:**

1) 7 x 7 = _____	8) 3 + 7 = _____	15) 4 ÷ 2 = _____
2) 8 ÷ 8 = _____	9) 5 ÷ 5 = _____	16) 6 x 5 = _____
3) 5 - 4 = _____	10) 7 - 4 = _____	17) 1 + 1 = _____
4) 7 + 7 = _____	11) 3 x 5 = _____	18) 8 ÷ 8 = _____
5) 6 + 6 = _____	12) 5 x 7 = _____	19) 3 ÷ 3 = _____
6) 8 ÷ 8 = _____	13) 4 + 5 = _____	20) 4 ÷ 4 = _____
7) 7 - 3 = _____	14) 7 x 2 = _____	21) 7 + 2 = _____

Page: *17*

Date:

1) 5 x 7 = _____	8) 5 - 4 = _____	15) 4 + 5 = _____
2) 5 ÷ 5 = _____	9) 7 - 7 = _____	16) 4 x 8 = _____
3) 7 - 3 = _____	10) 2 + 4 = _____	17) 7 - 1 = _____
4) 2 ÷ 2 = _____	11) 4 ÷ 4 = _____	18) 5 - 2 = _____
5) 4 + 2 = _____	12) 8 ÷ 4 = _____	19) 4 - 2 = _____
6) 1 + 4 = _____	13) 8 - 3 = _____	20) 3 x 3 = _____
7) 5 + 2 = _____	14) 7 ÷ 7 = _____	21) 5 ÷ 5 = _____

Page: *18*   **Date:**

1) 3 + 8 = _____	8) 6 - 5 = _____	15) 5 ÷ 5 = _____
2) 1 - 1 = _____	9) 2 x 4 = _____	16) 7 x 1 = _____
3) 1 - 1 = _____	10) 8 x 3 = _____	17) 4 + 2 = _____
4) 3 ÷ 3 = _____	11) 1 + 6 = _____	18) 4 ÷ 4 = _____
5) 1 x 5 = _____	12) 7 ÷ 7 = _____	19) 4 + 2 = _____
6) 5 - 3 = _____	13) 6 x 5 = _____	20) 4 ÷ 2 = _____
7) 8 x 3 = _____	14) 3 + 2 = _____	21) 4 + 3 = _____

Page: *19*   **Date:**

1) 7 - 3 = _____	8) 5 + 1 = _____	15) 4 - 1 = _____
2) 7 ÷ 7 = _____	9) 3 + 2 = _____	16) 4 + 8 = _____
3) 5 x 4 = _____	10) 1 + 5 = _____	17) 7 + 3 = _____
4) 2 ÷ 2 = _____	11) 4 ÷ 4 = _____	18) 7 x 5 = _____
5) 6 - 1 = _____	12) 7 + 2 = _____	19) 4 x 7 = _____
6) 4 - 4 = _____	13) 7 + 2 = _____	20) 8 - 5 = _____
7) 2 x 3 = _____	14) 6 + 6 = _____	21) 8 ÷ 8 = _____

Page: _20_   Date:

1) $5 + 5 =$ _____	8) $1 \div 1 =$ _____	15) $8 - 2 =$ _____
2) $6 \times 8 =$ _____	9) $8 - 7 =$ _____	16) $2 + 2 =$ _____
3) $8 - 5 =$ _____	10) $8 \times 2 =$ _____	17) $6 \times 7 =$ _____
4) $4 \div 2 =$ _____	11) $6 + 4 =$ _____	18) $6 - 5 =$ _____
5) $4 \div 4 =$ _____	12) $1 \times 8 =$ _____	19) $6 \times 7 =$ _____
6) $8 + 1 =$ _____	13) $5 \times 2 =$ _____	20) $1 \times 4 =$ _____
7) $2 \times 8 =$ _____	14) $5 - 4 =$ _____	21) $8 - 5 =$ _____

Date:

1) 2 ÷ 2 = _____	8) 2 x 7 = _____	15) 7 - 1 = _____
2) 6 + 1 = _____	9) 4 x 2 = _____	16) 5 x 5 = _____
3) 1 x 4 = _____	10) 4 x 2 = _____	17) 7 ÷ 7 = _____
4) 3 ÷ 3 = _____	11) 4 + 1 = _____	18) 2 x 2 = _____
5) 8 - 5 = _____	12) 7 + 7 = _____	19) 5 + 2 = _____
6) 6 - 4 = _____	13) 2 + 4 = _____	20) 1 ÷ 1 = _____
7) 3 - 2 = _____	14) 4 + 1 = _____	21) 3 - 3 = _____

Page: *22*   **Date:**

1) 4 + 5 = ____	8) 3 - 1 = ____	15) 5 - 3 = ___
2) 3 x 5 = ___	9) 7 ÷ 7 = ___	16) 6 x 1 = ___
3) 6 - 5 = ___	10) 4 + 8 = ___	17) 3 + 6 = ___
4) 5 x 1 = ___	11) 7 - 3 = ___	18) 8 - 2 = ___
5) 8 + 5 = ___	12) 1 ÷ 1 = ___	19) 7 x 2 = ___
6) 6 - 3 = ___	13) 1 x 8 = ___	20) 7 - 2 = ___
7) 3 + 5 = ___	14) 3 - 1 = ___	21) 4 - 4 = ___

Page: *23*   Date:

1) 3 x 2 = _____	8) $5 \div 5$ = _____	15) $6 \div 2$ = _____
2) 5 + 1 = _____	9) 2 + 4 = _____	16) $1 \div 1$ = _____
3) $1 \div 1$ = _____	10) 8 - 3 = _____	17) 7 - 4 = _____
4) 2 - 2 = _____	11) 4 - 1 = _____	18) 1 + 7 = _____
5) 2 x 4 = _____	12) 4 + 8 = _____	19) $6 \div 6$ = _____
6) 4 + 3 = _____	13) 8 - 4 = _____	20) $1 \div 1$ = _____
7) $2 \div 2$ = _____	14) 1 x 5 = _____	21) 4 + 4 = _____

Page: _24_   **Date:**

1) 7 x 3 = _____	8) 1 x 8 = _____	15) 4 x 8 = _____
2) 8 - 7 = _____	9) 5 - 2 = _____	16) 5 x 7 = _____
3) 4 ÷ 4 = _____	10) 7 - 6 = _____	17) 5 ÷ 5 = _____
4) 4 x 7 = _____	11) 8 - 7 = _____	18) 7 - 3 = _____
5) 6 - 5 = _____	12) 7 ÷ 7 = _____	19) 2 ÷ 2 = _____
6) 7 x 2 = _____	13) 2 ÷ 2 = _____	20) 4 - 3 = _____
7) 6 - 5 = _____	14) 1 x 1 = _____	21) 1 + 4 = _____

Page: 25

Date:

1) 8 x 6 = _____	8) 8 + 8 = _____	15) 1 ÷ 1 = _____
2) 7 x 7 = _____	9) 1 ÷ 1 = _____	16) 7 - 7 = _____
3) 3 ÷ 3 = _____	10) 7 x 4 = _____	17) 6 ÷ 6 = _____
4) 6 - 5 = _____	11) 5 x 8 = _____	18) 6 + 2 = _____
5) 7 + 3 = _____	12) 8 ÷ 4 = _____	19) 7 + 5 = _____
6) 3 x 4 = _____	13) 6 + 7 = _____	20) 5 x 4 = _____
7) 6 - 4 = _____	14) 6 + 7 = _____	21) 7 x 5 = _____

Page: *26* Date:

1) 6 ÷ 3 = _____	8) 3 - 1 = _____	15) 8 + 1 = _____
2) 6 - 2 = _____	9) 8 x 8 = _____	16) 1 x 2 = _____
3) 5 - 1 = _____	10) 6 x 4 = _____	17) 2 ÷ 2 = _____
4) 1 ÷ 1 = _____	11) 8 - 4 = _____	18) 1 x 4 = _____
5) 1 + 4 = _____	12) 1 + 4 = _____	19) 8 + 2 = _____
6) 3 ÷ 3 = _____	13) 5 - 3 = _____	20) 7 x 2 = _____
7) 8 x 3 = _____	14) 2 ÷ 2 = _____	21) 2 + 6 = _____

Page: 27

Date:

1) 3 ÷ 3 = _____

2) 8 ÷ 4 = _____

3) 5 x 8 = _____

4) 7 ÷ 7 = _____

5) 6 + 2 = _____

6) 1 x 5 = _____

7) 6 x 8 = _____

8) 8 x 6 = _____

9) 8 ÷ 8 = _____

10) 2 ÷ 2 = _____

11) 7 x 4 = _____

12) 8 x 1 = _____

13) 2 x 1 = _____

14) 1 + 2 = _____

15) 1 ÷ 1 = _____

16) 1 + 4 = _____

17) 5 - 3 = _____

18) 8 x 7 = _____

19) 2 x 2 = _____

20) 8 - 8 = _____

21) 7 - 4 = _____

Page: 28   Date:

1) $5 \div 5 =$ _____	8) $3 - 2 =$ _____	15) $4 \div 4 =$ _____
2) $1 \times 5 =$ _____	9) $8 \div 8 =$ _____	16) $1 \div 1 =$ _____
3) $6 - 3 =$ _____	10) $2 \div 2 =$ _____	17) $7 - 4 =$ _____
4) $1 \times 5 =$ _____	11) $7 - 5 =$ _____	18) $1 + 7 =$ _____
5) $7 \div 7 =$ _____	12) $8 - 1 =$ _____	19) $1 + 7 =$ _____
6) $1 \times 3 =$ _____	13) $8 - 1 =$ _____	20) $1 \div 1 =$ _____
7) $5 \div 5 =$ _____	14) $8 + 6 =$ _____	21) $7 - 7 =$ _____

Page: 29   **Date:**

1) 7 x 1 = _____	8) 8 x 7 = _____	15) 2 - 1 = _____
2) 6 - 3 = _____	9) 8 - 2 = _____	16) 5 ÷ 5 = _____
3) 7 - 3 = _____	10) 4 - 2 = _____	17) 6 + 3 = _____
4) 1 ÷ 1 = _____	11) 8 - 5 = _____	18) 4 - 1 = _____
5) 7 ÷ 7 = _____	12) 2 ÷ 2 = _____	19) 8 + 2 = _____
6) 5 + 7 = _____	13) 8 + 5 = _____	20) 1 - 1 = _____
7) 7 + 7 = _____	14) 4 - 4 = _____	21) 3 x 7 = _____

Page: *30*   **Date:**

1) 7 x 1 = _____	8) 7 x 1 = _____	15) 7 + 3 = _____
2) 6 - 4 = _____	9) 4 ÷ 2 = _____	16) 8 - 2 = _____
3) 8 - 6 = _____	10) 8 x 7 = _____	17) 5 x 1 = _____
4) 5 x 7 = _____	11) 8 - 1 = _____	18) 6 x 8 = _____
5) 8 x 4 = _____	12) 1 + 2 = _____	19) 3 ÷ 3 = _____
6) 8 ÷ 2 = _____	13) 7 ÷ 7 = _____	20) 5 + 8 = _____
7) 4 + 8 = _____	14) 8 x 8 = _____	21) 4 ÷ 2 = _____

Page: *31*   Date:

1) 8 + 8 = _____	8) 3 + 8 = _____	15) 3 ÷ 3 = _____
2) 6 + 8 = _____	9) 2 + 4 = _____	16) 8 ÷ 2 = _____
3) 2 ÷ 2 = _____	10) 5 x 4 = _____	17) 1 x 4 = _____
4) 4 + 7 = _____	11) 8 x 7 = _____	18) 4 ÷ 2 = _____
5) 8 + 2 = _____	12) 2 - 2 = _____	19) 4 + 6 = _____
6) 7 - 2 = _____	13) 8 - 7 = _____	20) 7 x 3 = _____
7) 4 ÷ 2 = _____	14) 2 + 7 = _____	21) 4 ÷ 2 = _____

Page: *32*   Date:

1) 8 - 6 = _____	8) 6 + 1 = _____	15) 2 x 1 = _____
2) 8 - 1 = _____	9) 2 x 4 = _____	16) 1 + 1 = _____
3) 8 ÷ 8 = _____	10) 3 x 3 = _____	17) 6 ÷ 6 = _____
4) 3 ÷ 3 = _____	11) 5 + 4 = _____	18) 7 x 7 = _____
5) 2 x 2 = _____	12) 5 ÷ 5 = _____	19) 2 x 6 = _____
6) 5 ÷ 5 = _____	13) 4 ÷ 4 = _____	20) 7 + 7 = _____
7) 6 + 8 = _____	14) 8 - 7 = _____	21) 8 x 6 = _____

Page: *33*   **Date:**

1) $7 - 5 =$ ____	8) $2 \div 2 =$ ____	15) $2 + 3 =$ ____
2) $2 + 8 =$ ____	9) $4 + 3 =$ ____	16) $5 + 8 =$ ____
3) $2 \times 6 =$ ____	10) $2 \div 2 =$ ____	17) $2 \times 7 =$ ____
4) $8 \times 5 =$ ____	11) $5 + 7 =$ ____	18) $3 \div 3 =$ ____
5) $5 \div 5 =$ ____	12) $4 \times 5 =$ ____	19) $8 \times 7 =$ ____
6) $2 \times 3 =$ ____	13) $3 - 2 =$ ____	20) $1 + 4 =$ ____
7) $4 + 4 =$ ____	14) $8 \times 7 =$ ____	21) $4 \div 2 =$ ____

Page: *34*   Date:

1) 8 - 6 = _____	8) 8 + 6 = _____	15) 1 x 5 = _____
2) 3 - 1 = _____	9) 6 - 3 = _____	16) 6 ÷ 2 = _____
3) 8 - 4 = _____	10) 1 + 3 = _____	17) 1 ÷ 1 = _____
4) 5 ÷ 5 = _____	11) 8 - 2 = _____	18) 6 ÷ 6 = _____
5) 3 - 1 = _____	12) 8 - 4 = _____	19) 7 + 4 = _____
6) 6 - 5 = _____	13) 4 + 8 = _____	20) 5 x 6 = _____
7) 7 - 3 = _____	14) 8 - 3 = _____	21) 8 - 5 = _____

Page: *35*   **Date:**

1) 3 x 2 = _____	8) 1 + 5 = _____	15) 3 - 1 = _____
2) 3 ÷ 3 = _____	9) 3 ÷ 3 = _____	16) 6 x 2 = _____
3) 6 ÷ 6 = _____	10) 5 - 4 = _____	17) 7 x 1 = _____
4) 8 ÷ 4 = _____	11) 2 - 1 = _____	18) 3 ÷ 3 = _____
5) 3 ÷ 3 = _____	12) 6 + 8 = _____	19) 3 x 3 = _____
6) 5 - 3 = _____	13) 1 x 1 = _____	20) 2 x 4 = _____
7) 1 + 2 = _____	14) 8 + 4 = _____	21) 6 - 6 = _____

Page: *36*   **Date:**

1) 8 - 4 = _____	8) 3 + 7 = _____	15) 8 - 7 = _____
2) 8 ÷ 2 = _____	9) 3 ÷ 3 = _____	16) 7 ÷ 7 = _____
3) 6 - 2 = _____	10) 8 - 4 = _____	17) 6 - 5 = _____
4) 7 x 3 = _____	11) 3 ÷ 3 = _____	18) 5 x 1 = _____
5) 6 + 7 = _____	12) 1 x 7 = _____	19) 8 - 5 = _____
6) 5 + 6 = _____	13) 1 ÷ 1 = _____	20) 3 x 6 = _____
7) 5 ÷ 5 = _____	14) 5 + 6 = _____	21) 3 x 5 = _____

Page: *37*   **Date:**

1) 7 + 7 = _____	8) 6 x 5 = _____	15) 6 x 5 = _____
2) 3 x 7 = _____	9) 8 ÷ 2 = _____	16) 3 + 2 = _____
3) 3 + 5 = _____	10) 5 - 3 = _____	17) 3 x 3 = _____
4) 5 + 3 = _____	11) 6 x 2 = _____	18) 3 x 3 = _____
5) 5 + 4 = _____	12) 7 - 2 = _____	19) 5 x 8 = _____
6) 5 - 2 = _____	13) 3 - 2 = _____	20) 8 + 6 = _____
7) 8 x 3 = _____	14) 8 ÷ 8 = _____	21) 6 + 6 = _____

Page: _38_ Date:

1) 5 ÷ 5 = _____	8) 3 - 3 = _____	15) 8 ÷ 4 = _____
2) 8 + 2 = _____	9) 8 - 7 = _____	16) 7 x 4 = _____
3) 7 x 2 = _____	10) 4 ÷ 4 = _____	17) 5 - 1 = _____
4) 8 ÷ 4 = _____	11) 8 - 3 = _____	18) 4 ÷ 2 = _____
5) 7 + 7 = _____	12) 6 x 1 = _____	19) 1 x 7 = _____
6) 8 - 7 = _____	13) 6 - 4 = _____	20) 8 + 1 = _____
7) 6 ÷ 3 = _____	14) 3 x 5 = _____	21) 2 + 3 = _____

Page: *39*   **Date:**

1) 8 - 6 = ____	8) 6 + 4 = ____	15) 6 - 3 = ____
2) 8 ÷ 4 = ____	9) 6 ÷ 6 = ____	16) 2 + 4 = ____
3) 5 + 6 = ____	10) 1 - 1 = ____	17) 1 x 3 = ____
4) 2 + 5 = ____	11) 7 x 1 = ____	18) 5 ÷ 5 = ____
5) 4 x 1 = ____	12) 8 x 5 = ____	19) 6 - 1 = ____
6) 6 x 6 = ____	13) 1 ÷ 1 = ____	20) 4 x 5 = ____
7) 4 ÷ 2 = ____	14) 7 - 2 = ____	21) 5 + 7 = ____

Page: _40_   Date:

1) 3 ÷ 3 = _____	8) 4 - 1 = _____	15) 4 ÷ 4 = _____
2) 1 x 5 = _____	9) 6 + 2 = _____	16) 7 x 5 = _____
3) 1 + 3 = _____	10) 7 x 5 = _____	17) 1 + 2 = _____
4) 8 x 3 = _____	11) 4 x 6 = _____	18) 8 ÷ 8 = _____
5) 1 ÷ 1 = _____	12) 7 - 5 = _____	19) 6 ÷ 2 = _____
6) 8 - 8 = _____	13) 7 ÷ 7 = _____	20) 3 ÷ 3 = _____
7) 5 x 1 = _____	14) 6 x 2 = _____	21) 6 x 4 = _____

Page: *41*   Date:

1) 5 ÷ 5 = ____	8) 6 - 5 = ____	15) 2 x 6 = ____
2) 4 + 2 = ____	9) 8 - 2 = ____	16) 2 x 7 = ____
3) 4 ÷ 2 = ____	10) 8 x 3 = ____	17) 5 ÷ 5 = ____
4) 4 + 3 = ____	11) 7 ÷ 7 = ____	18) 4 ÷ 2 = ____
5) 1 x 5 = ____	12) 7 - 4 = ____	19) 4 + 7 = ____
6) 5 x 7 = ____	13) 5 - 3 = ____	20) 8 + 1 = ____
7) 8 x 3 = ____	14) 2 ÷ 2 = ____	21) 8 - 3 = ____

Page: *42*   Date:

1) 7 + 2 = _____	8) 7 x 6 = _____	15) 5 - 2 = _____
2) 3 + 2 = _____	9) 7 + 8 = _____	16) 5 - 4 = _____
3) 6 x 6 = _____	10) 8 - 7 = _____	17) 8 - 5 = _____
4) 7 x 2 = _____	11) 8 ÷ 8 = _____	18) 1 + 2 = _____
5) 2 + 7 = _____	12) 7 - 3 = _____	19) 7 - 6 = _____
6) 1 + 3 = _____	13) 8 x 5 = _____	20) 3 + 8 = _____
7) 2 + 1 = _____	14) 4 ÷ 4 = _____	21) 1 x 3 = _____

Page: *43*   **Date:**

1) 3 x 2 = _____	8) 5 + 8 = _____	15) 4 - 3 = _____
2) 1 + 2 = _____	9) 8 - 2 = _____	16) 5 + 3 = _____
3) 7 x 8 = _____	10) 3 - 2 = _____	17) 5 - 5 = _____
4) 6 + 6 = _____	11) $2 \div 2$ = _____	18) 8 - 4 = _____
5) $5 \div 5$ = _____	12) 2 x 4 = _____	19) $4 \div 4$ = _____
6) $4 \div 4$ = _____	13) 4 - 2 = _____	20) 5 + 4 = _____
7) 6 + 7 = _____	14) $7 \div 7$ = _____	21) $2 \div 2$ = _____

Page: *44*   Date:

1) 6 - 5 = _____	8) 8 ÷ 2 = _____	15) 7 - 7 = _____
2) 6 x 2 = _____	9) 3 - 2 = _____	16) 3 - 1 = _____
3) 7 x 2 = _____	10) 7 x 6 = _____	17) 1 ÷ 1 = _____
4) 2 - 1 = _____	11) 1 - 1 = _____	18) 6 - 1 = _____
5) 7 x 7 = _____	12) 6 + 7 = _____	19) 3 - 3 = _____
6) 6 x 3 = _____	13) 3 + 6 = _____	20) 2 - 1 = _____
7) 3 + 8 = _____	14) 4 x 2 = _____	21) 4 + 8 = _____

Page: *45* Date:

1) 3 ÷ 3 = _____	8) 6 + 3 = _____	15) 1 + 2 = _____
2) 8 - 8 = _____	9) 4 - 3 = _____	16) 3 x 8 = _____
3) 4 - 1 = _____	10) 7 x 7 = _____	17) 1 + 2 = _____
4) 4 + 8 = _____	11) 1 + 2 = _____	18) 4 ÷ 4 = _____
5) 6 + 2 = _____	12) 3 x 8 = _____	19) 7 ÷ 7 = _____
6) 4 + 2 = _____	13) 5 ÷ 5 = _____	20) 1 + 4 = _____
7) 1 + 4 = _____	14) 4 x 5 = _____	21) 1 x 2 = _____

Page: *46*   Date:

1) 4 + 4 = _____	8) 3 - 3 = _____	15) 3 x 5 = _____
2) 8 - 8 = _____	9) 7 + 8 = _____	16) 4 ÷ 2 = _____
3) 1 ÷ 1 = _____	10) 4 + 8 = _____	17) 7 - 4 = _____
4) 8 ÷ 8 = _____	11) 1 x 7 = _____	18) 2 ÷ 2 = _____
5) 7 x 8 = _____	12) 6 ÷ 2 = _____	19) 2 ÷ 2 = _____
6) 7 - 3 = _____	13) 1 - 1 = _____	20) 5 - 4 = _____
7) 4 ÷ 4 = _____	14) 4 x 7 = _____	21) 7 - 7 = _____

Page: 47   Date:

1) 4 - 3 = _____

2) 3 x 7 = _____

3) 7 + 8 = _____

4) 2 + 8 = _____

5) 4 x 4 = _____

6) 3 + 8 = _____

7) 1 ÷ 1 = _____

8) 4 ÷ 4 = _____

9) 2 + 6 = _____

10) 2 ÷ 2 = _____

11) 2 - 2 = _____

12) 6 - 1 = _____

13) 8 + 1 = _____

14) 4 x 1 = _____

15) 5 ÷ 5 = _____

16) 8 - 7 = _____

17) 5 x 6 = _____

18) 5 - 4 = _____

19) 2 x 2 = _____

20) 3 - 3 = _____

21) 6 + 2 = _____

Page: _48_   Date:

1) 6 ÷ 2 = _____	8) 5 - 2 = _____	15) 6 x 6 = _____
2) 8 - 1 = _____	9) 6 - 4 = _____	16) 4 ÷ 4 = _____
3) 4 + 1 = _____	10) 6 x 6 = _____	17) 7 + 3 = _____
4) 6 ÷ 2 = _____	11) 1 x 1 = _____	18) 2 ÷ 2 = _____
5) 3 + 8 = _____	12) 6 - 5 = _____	19) 2 x 7 = _____
6) 7 - 3 = _____	13) 5 ÷ 5 = _____	20) 2 + 8 = _____
7) 6 - 4 = _____	14) 4 x 1 = _____	21) 8 - 2 = _____

Page: *49*　　　　　　　　　　　　　**Date:**

1) $1 \div 1 =$ _____

2) $5 + 5 =$ _____

3) $3 + 5 =$ _____

4) $2 \div 2 =$ _____

5) $1 \div 1 =$ _____

6) $7 - 7 =$ _____

7) $6 \div 3 =$ _____

8) $2 \times 8 =$ _____

9) $6 \div 6 =$ _____

10) $7 \times 5 =$ _____

11) $6 - 1 =$ _____

12) $8 - 6 =$ _____

13) $5 \div 5 =$ _____

14) $5 \times 6 =$ _____

15) $8 \times 3 =$ _____

16) $6 - 5 =$ _____

17) $8 - 3 =$ _____

18) $8 \times 3 =$ _____

19) $7 \div 7 =$ _____

20) $4 \div 4 =$ _____

21) $4 \div 2 =$ _____

Page: *50*   **Date:**

1) $3 \div 3 =$ _____	8) $1 + 6 =$ _____	15) $7 - 1 =$ _____
2) $4 \div 2 =$ _____	9) $2 \times 2 =$ _____	16) $1 \div 1 =$ _____
3) $8 - 2 =$ _____	10) $7 \times 1 =$ _____	17) $7 \div 7 =$ _____
4) $2 \div 2 =$ _____	11) $7 - 3 =$ _____	18) $7 - 6 =$ _____
5) $6 - 5 =$ _____	12) $2 \div 2 =$ _____	19) $4 \times 8 =$ _____
6) $8 + 8 =$ _____	13) $1 + 3 =$ _____	20) $8 - 5 =$ _____
7) $6 + 7 =$ _____	14) $3 \div 3 =$ _____	21) $6 - 3 =$ _____

Page: *51*   Date:

1) 5 - 3 = ____	8) 5 + 8 = ____	15) 8 ÷ 2 = ____
2) 2 x 2 = ____	9) 7 ÷ 7 = ____	16) 1 + 7 = ___
3) 5 ÷ 5 = ____	10) 8 ÷ 2 = ____	17) 6 - 3 = ____
4) 8 x 6 = ____	11) 4 ÷ 2 = ____	18) 6 - 3 = ____
5) 4 x 5 = ____	12) 6 - 5 = ____	19) 8 x 2 = ____
6) 7 + 6 = ____	13) 8 - 1 = ____	20) 4 x 8 = ____
7) 6 - 6 = ____	14) 7 ÷ 7 = ____	21) 1 + 6 = ____

Page: *52* **Date:**

1) 5 + 2 = _____	8) 4 x 8 = _____	15) 4 x 8 = _____
2) 5 + 1 = _____	9) 6 + 1 = _____	16) 7 + 5 = _____
3) 5 - 2 = _____	10) 1 ÷ 1 = _____	17) 8 + 3 = _____
4) 6 - 2 = _____	11) 2 - 1 = _____	18) 8 + 2 = _____
5) 4 x 4 = _____	12) 5 - 3 = _____	19) 8 - 8 = _____
6) 8 - 6 = _____	13) 7 ÷ 7 = _____	20) 4 x 8 = _____
7) 3 - 2 = _____	14) 4 + 5 = _____	21) 4 + 6 = _____

Page: 53

Date:

1) 5 + 2 = _____	8) 4 x 1 = _____	15) 1 x 2 = _____
2) 6 + 4 = _____	9) 5 + 8 = _____	16) 8 - 3 = _____
3) 1 + 3 = _____	10) 8 - 2 = _____	17) 6 + 6 = _____
4) 7 - 2 = _____	11) 4 - 4 = _____	18) 1 ÷ 1 = _____
5) 4 - 4 = _____	12) 3 + 1 = _____	19) 3 ÷ 3 = _____
6) 6 x 8 = _____	13) 1 ÷ 1 = _____	20) 8 x 6 = _____
7) 2 + 3 = _____	14) 2 - 2 = _____	21) 3 ÷ 3 = _____

Page: *54*   Date:

1) 8 x 4 = _____	8) 3 + 3 = _____	15) 8 - 1 = _____
2) 7 x 7 = _____	9) 3 - 1 = _____	16) 1 x 1 = _____
3) 7 x 1 = _____	10) 7 x 4 = _____	17) 8 - 3 = _____
4) 2 + 4 = _____	11) 6 - 3 = _____	18) 8 + 2 = _____
5) 7 - 2 = _____	12) 6 x 4 = _____	19) 8 - 5 = _____
6) 4 + 7 = _____	13) 3 ÷ 3 = _____	20) 8 x 3 = _____
7) 8 + 7 = _____	14) 2 - 1 = _____	21) 5 + 5 = _____

Page: 55

Date:

1) 2 ÷ 2 = _____	8) 5 - 2 = _____	15) 6 - 5 = _____
2) 5 - 4 = _____	9) 7 - 3 = _____	16) 7 ÷ 7 = _____
3) 4 + 4 = _____	10) 2 x 6 = _____	17) 8 - 1 = _____
4) 5 - 5 = _____	11) 5 x 7 = _____	18) 6 x 7 = _____
5) 8 - 2 = _____	12) 8 x 6 = _____	19) 6 x 7 = _____
6) 5 ÷ 5 = _____	13) 7 x 7 = _____	20) 4 ÷ 4 = _____
7) 2 ÷ 2 = _____	14) 1 x 3 = _____	21) 8 - 1 = _____

Page: *56*　　　　　　　　　　　　　　　**Date:**

1) 8 - 3 = _____	8) 7 + 8 = _____	15) 1 + 4 = _____
2) 2 x 4 = _____	9) 4 - 3 = _____	16) 1 x 2 = _____
3) 2 - 2 = _____	10) 5 x 5 = _____	17) 4 + 4 = _____
4) 4 + 3 = _____	11) 4 - 2 = _____	18) 1 x 1 = _____
5) 3 x 5 = _____	12) 8 ÷ 2 = _____	19) 2 ÷ 2 = _____
6) 5 - 3 = _____	13) 4 ÷ 4 = _____	20) 7 - 1 = _____
7) 8 ÷ 2 = _____	14) 7 ÷ 7 = _____	21) 2 ÷ 2 = _____

Page: *57*   **Date:**

1) 5 x 8 = _____	8) 2 + 6 = _____	15) 4 ÷ 2 = _____
2) 8 + 5 = _____	9) 3 + 2 = _____	16) 2 + 7 = _____
3) 2 + 5 = _____	10) 4 x 8 = _____	17) 1 + 3 = _____
4) 8 ÷ 2 = _____	11) 5 + 4 = _____	18) 2 + 1 = _____
5) 7 - 1 = _____	12) 3 + 5 = _____	19) 5 + 4 = _____
6) 2 x 7 = _____	13) 3 ÷ 3 = _____	20) 5 ÷ 5 = _____
7) 8 ÷ 4 = _____	14) 8 - 3 = _____	21) 3 ÷ 3 = _____

Page: 58

Date:

1) 7 - 5 = _____	8) 5 - 5 = _____	15) 1 ÷ 1 = _____
2) 4 + 1 = _____	9) 3 + 6 = _____	16) 3 + 6 = _____
3) 7 - 3 = _____	10) 5 ÷ 5 = _____	17) 5 ÷ 5 = _____
4) 8 ÷ 8 = _____	11) 8 + 3 = _____	18) 1 x 5 = _____
5) 6 ÷ 3 = _____	12) 6 ÷ 2 = _____	19) 4 x 7 = _____
6) 7 x 8 = _____	13) 7 ÷ 7 = _____	20) 2 x 5 = _____
7) 8 x 4 = _____	14) 6 ÷ 2 = _____	21) 5 ÷ 5 = _____

Page: *59*   Date:

1) 2 ÷ 2 = _____	8) 3 x 3 = _____	15) 7 x 1 = _____
2) 5 - 2 = _____	9) 3 x 3 = _____	16) 5 - 5 = _____
3) 5 - 3 = _____	10) 8 - 3 = _____	17) 8 - 7 = _____
4) 8 - 1 = _____	11) 4 ÷ 2 = _____	18) 3 + 8 = _____
5) 7 ÷ 7 = _____	12) 7 + 2 = _____	19) 4 + 5 = _____
6) 6 x 5 = _____	13) 2 ÷ 2 = _____	20) 6 + 5 = _____
7) 3 + 2 = _____	14) 7 x 8 = _____	21) 5 x 6 = _____

Page: *60*   Date:

1) 1 ÷ 1 = _____	8) 2 + 4 = _____	15) 2 x 1 = _____
2) 7 - 6 = _____	9) 3 - 2 = _____	16) 3 - 1 = _____
3) 6 x 7 = _____	10) 8 x 7 = _____	17) 2 + 6 = _____
4) 2 ÷ 2 = _____	11) 8 + 8 = _____	18) 2 ÷ 2 = _____
5) 4 x 2 = _____	12) 8 - 8 = _____	19) 4 x 4 = _____
6) 7 x 7 = _____	13) 3 + 6 = _____	20) 7 x 1 = _____
7) 8 ÷ 2 = _____	14) 4 x 2 = _____	21) 2 - 1 = _____

Page: *61*   **Date:**

1) 4 x 1 = _____	8) 2 + 3 = _____	15) 6 + 6 = _____
2) 4 ÷ 2 = _____	9) 2 + 5 = _____	16) 5 x 5 = _____
3) 2 + 6 = _____	10) 6 x 7 = _____	17) 8 - 4 = _____
4) 8 ÷ 4 = _____	11) 4 ÷ 2 = _____	18) 6 ÷ 2 = _____
5) 8 + 4 = _____	12) 3 x 2 = _____	19) 4 x 2 = _____
6) 5 ÷ 5 = _____	13) 1 + 2 = _____	20) 5 - 2 = _____
7) 4 ÷ 4 = _____	14) 8 ÷ 2 = _____	21) 6 ÷ 2 = _____

Page: *62*   **Date:**

1) 1 ÷ 1 = _____	8) 4 ÷ 4 = _____	15) 5 - 1 = _____
2) 8 + 2 = _____	9) 8 - 3 = _____	16) 2 x 6 = _____
3) 7 - 2 = _____	10) 6 x 1 = _____	17) 6 ÷ 2 = _____
4) 3 x 6 = _____	11) 7 - 5 = _____	18) 8 x 1 = _____
5) 8 ÷ 4 = _____	12) 4 x 6 = _____	19) 8 x 3 = _____
6) 3 - 3 = _____	13) 8 ÷ 4 = _____	20) 6 x 6 = _____
7) 5 + 6 = _____	14) 5 - 1 = _____	21) 1 x 1 = _____

Page: *63*

Date:

1) 8 ÷ 4 = _____	8) 2 x 5 = _____	15) 7 ÷ 7 = _____
2) 5 - 4 = _____	9) 3 x 2 = _____	16) 5 - 4 = _____
3) 1 + 5 = _____	10) 4 + 4 = _____	17) 4 x 8 = _____
4) 6 + 5 = _____	11) 3 x 4 = _____	18) 7 + 5 = _____
5) 7 ÷ 7 = _____	12) 5 x 6 = _____	19) 8 + 3 = _____
6) 8 - 1 = _____	13) 7 ÷ 7 = _____	20) 8 + 3 = _____
7) 8 - 3 = _____	14) 8 - 7 = _____	21) 8 - 8 = _____

Page: *64*
Date:

1) $7 + 4 =$ ____

2) $7 \times 1 =$ ____

3) $1 \times 7 =$ ____

4) $1 \times 7 =$ ____

5) $5 \times 8 =$ ____

6) $3 \div 3 =$ ____

7) $2 \div 2 =$ ____

8) $8 + 5 =$ ____

9) $2 \div 2 =$ ____

10) $8 \div 2 =$ ____

11) $1 + 5 =$ ____

12) $5 \times 2 =$ ____

13) $6 \times 1 =$ ____

14) $6 \times 8 =$ ____

15) $3 \div 3 =$ ____

16) $5 + 8 =$ ____

17) $2 \times 8 =$ ____

18) $7 + 8 =$ ____

19) $8 - 1 =$ ____

20) $1 \times 1 =$ ____

21) $7 - 3 =$ ____

Page: *65*   **Date:**

1) 1 + 3 = _____	8) 5 ÷ 5 = _____	15) 8 x 4 = _____
2) 7 x 2 = _____	9) 5 x 3 = _____	16) 8 x 7 = _____
3) 2 ÷ 2 = _____	10) 6 x 1 = _____	17) 5 ÷ 5 = _____
4) 8 - 8 = _____	11) 6 x 8 = _____	18) 6 - 5 = _____
5) 8 + 5 = _____	12) 3 x 5 = _____	19) 3 ÷ 3 = _____
6) 4 - 4 = _____	13) 7 ÷ 7 = _____	20) 5 - 2 = _____
7) 7 - 6 = _____	14) 6 - 3 = _____	21) 2 ÷ 2 = _____

Page: *66*   **Date:**

1) 8 + 8 = ____	8) 2 ÷ 2 = ____	15) 8 x 2 = ____
2) 8 - 4 = ____	9) 6 + 7 = ____	16) 5 - 5 = ____
3) 1 ÷ 1 = ____	10) 3 ÷ 3 = ____	17) 2 x 1 = ____
4) 6 - 5 = ____	11) 8 x 4 = ____	18) 4 - 1 = ____
5) 8 - 1 = ____	12) 8 x 7 = ____	19) 5 + 6 = ____
6) 7 ÷ 7 = ____	13) 7 + 3 = ____	20) 7 + 6 = ____
7) 7 ÷ 7 = ____	14) 8 x 1 = ____	21) 5 - 4 = ____

Page: *67* **Date:**

1) 7 x 8 = _____	8) 6 x 5 = _____	15) 8 + 4 = _____
2) 4 ÷ 2 = _____	9) 5 x 1 = _____	16) 3 x 8 = _____
3) 4 ÷ 4 = _____	10) 7 - 6 = _____	17) 4 x 7 = _____
4) 8 + 8 = _____	11) 8 x 3 = _____	18) 4 x 6 = _____
5) 7 - 5 = _____	12) 5 + 5 = _____	19) 4 ÷ 2 = _____
6) 5 + 2 = _____	13) 2 ÷ 2 = _____	20) 2 x 6 = _____
7) 8 - 6 = _____	14) 8 x 1 = _____	21) 2 ÷ 2 = _____

Page: 68   Date:

1) $8 \div 4 =$ _____	8) $1 \div 1 =$ _____	15) $4 - 1 =$ _____
2) $8 \div 2 =$ _____	9) $2 \div 2 =$ _____	16) $7 \times 5 =$ _____
3) $2 \div 2 =$ _____	10) $6 \times 5 =$ _____	17) $1 \div 1 =$ _____
4) $2 + 4 =$ _____	11) $5 \times 1 =$ _____	18) $4 + 1 =$ _____
5) $4 + 8 =$ _____	12) $8 - 1 =$ _____	19) $2 \div 2 =$ _____
6) $1 \div 1 =$ _____	13) $1 \div 1 =$ _____	20) $7 + 7 =$ _____
7) $8 - 3 =$ _____	14) $2 + 6 =$ _____	21) $5 \times 1 =$ _____

Page: 69

Date:

1) 5 - 1 = _____	8) 2 + 4 = _____	15) 3 x 6 = _____
2) 7 + 3 = _____	9) 2 x 7 = _____	16) 7 x 5 = _____
3) 5 - 3 = _____	10) 6 + 7 = _____	17) 4 ÷ 4 = _____
4) 1 + 4 = _____	11) 2 + 8 = _____	18) 6 + 1 = _____
5) 7 - 4 = _____	12) 3 - 2 = _____	19) 3 + 8 = _____
6) 5 - 4 = _____	13) 3 + 1 = _____	20) 7 + 7 = _____
7) 7 - 6 = _____	14) 7 x 3 = _____	21) 7 + 7 = _____

Page: _70_   **Date:**

1) 6 - 6 = _____	8) 1 x 8 = _____	15) 8 ÷ 8 = _____
2) 2 ÷ 2 = _____	9) 7 x 2 = _____	16) 6 x 5 = _____
3) 3 ÷ 3 = _____	10) 5 + 3 = _____	17) 1 ÷ 1 = _____
4) 8 ÷ 4 = _____	11) 8 x 8 = _____	18) 7 + 6 = _____
5) 5 x 8 = _____	12) 8 - 3 = _____	19) 3 x 5 = _____
6) 7 ÷ 7 = _____	13) 5 - 4 = _____	20) 6 - 5 = _____
7) 2 ÷ 2 = _____	14) 7 + 8 = _____	21) 7 - 3 = _____

Page: *71*   **Date:**

1) 7 - 2 = _____	8) 4 + 3 = _____	15) 7 - 3 = _____
2) 3 + 6 = _____	9) 5 - 4 = _____	16) 6 - 3 = _____
3) 1 ÷ 1 = _____	10) 6 + 1 = _____	17) 7 - 4 = _____
4) 6 - 3 = _____	11) 5 ÷ 5 = _____	18) 5 - 4 = _____
5) 1 ÷ 1 = _____	12) 2 ÷ 2 = _____	19) 6 - 1 = _____
6) 3 + 4 = _____	13) 3 + 7 = _____	20) 2 + 4 = _____
7) 5 ÷ 5 = _____	14) 7 + 3 = _____	21) 4 x 1 = _____

Page: *72*   Date:

1) 8 - 1 = ____	8) 8 - 3 = ____	15) 5 x 4 = ____
2) 3 + 1 = ____	9) 2 ÷ 2 = ____	16) 4 ÷ 4 = ____
3) 4 x 4 = ____	10) 1 ÷ 1 = ____	17) 6 + 7 = ____
4) 5 - 2 = ____	11) 6 + 7 = ____	18) 3 ÷ 3 = ____
5) 2 + 5 = ____	12) 1 ÷ 1 = ____	19) 7 x 1 = ____
6) 7 ÷ 7 = ____	13) 8 ÷ 4 = ____	20) 7 ÷ 7 = ____
7) 3 x 4 = ____	14) 5 x 8 = ____	21) 7 ÷ 7 = ____

Page: *73* Date:

1) 5 + 5 = _____	8) 1 + 5 = _____	15) 8 x 7 = _____
2) 8 x 6 = _____	9) 5 ÷ 5 = _____	16) 2 x 4 = _____
3) 3 + 8 = _____	10) 7 - 4 = _____	17) 1 + 2 = _____
4) 2 ÷ 2 = _____	11) 4 x 5 = _____	18) 5 x 6 = _____
5) 4 x 4 = _____	12) 5 ÷ 5 = _____	19) 2 ÷ 2 = _____
6) 4 - 2 = _____	13) 4 + 4 = _____	20) 5 x 6 = _____
7) 8 ÷ 2 = _____	14) 3 ÷ 3 = _____	21) 7 - 1 = _____

Page: 74   Date:

1) 7 + 4 = _____	8) 1 x 4 = _____	15) 2 + 5 = _____
2) 5 + 2 = _____	9) 7 ÷ 7 = _____	16) 2 + 4 = _____
3) 5 + 6 = _____	10) 1 ÷ 1 = _____	17) 7 - 1 = _____
4) 2 ÷ 2 = _____	11) 3 - 3 = _____	18) 3 x 7 = _____
5) 8 x 6 = _____	12) 2 + 7 = _____	19) 7 - 2 = _____
6) 2 x 6 = _____	13) 1 ÷ 1 = _____	20) 4 + 2 = _____
7) 5 x 8 = _____	14) 8 + 6 = _____	21) 6 + 2 = _____

Page: 75   **Date:**

1) 1 + 4 = _____	8) 6 x 5 = _____	15) 3 x 6 = _____
2) 5 + 1 = _____	9) 1 ÷ 1 = _____	16) 3 - 1 = _____
3) 1 + 8 = _____	10) 8 + 1 = _____	17) 1 - 1 = _____
4) 5 + 7 = _____	11) 3 + 7 = _____	18) 5 x 1 = _____
5) 7 + 1 = _____	12) 8 x 6 = _____	19) 5 - 1 = _____
6) 1 + 6 = _____	13) 5 x 1 = _____	20) 7 + 2 = _____
7) 3 x 6 = _____	14) 8 - 8 = _____	21) 5 - 3 = _____

Page: 76   **Date:**

1) 4 x 7 = _____	8) 4 - 3 = _____	15) 4 x 6 = _____
2) 8 - 5 = _____	9) 2 - 1 = _____	16) 3 x 3 = _____
3) 6 x 5 = _____	10) 5 + 2 = _____	17) 7 + 4 = _____
4) 8 x 1 = _____	11) 8 x 8 = _____	18) 7 x 1 = _____
5) 2 + 3 = _____	12) 7 + 3 = _____	19) 7 - 5 = _____
6) 4 ÷ 4 = _____	13) 2 x 8 = _____	20) 7 - 5 = _____
7) 6 - 2 = _____	14) 3 x 6 = _____	21) 4 x 7 = _____

Page: *77*   **Date:**

1) 3 ÷ 3 = _____	8) 5 ÷ 5 = _____	15) 5 - 1 = _____
2) 7 ÷ 7 = _____	9) 7 - 5 = _____	16) 6 x 2 = _____
3) 1 x 4 = _____	10) 4 + 2 = _____	17) 4 ÷ 2 = _____
4) 7 ÷ 7 = _____	11) 2 x 6 = _____	18) 6 x 7 = _____
5) 6 x 8 = _____	12) 6 - 1 = _____	19) 8 - 1 = _____
6) 8 ÷ 8 = _____	13) 4 ÷ 4 = _____	20) 7 ÷ 7 = _____
7) 3 + 2 = _____	14) 3 ÷ 3 = _____	21) 5 x 4 = _____

Page: *78*   **Date:**

1) 2 ÷ 2 = _____	8) 7 - 1 = _____	15) 7 - 4 = _____
2) 8 + 5 = _____	9) 7 - 2 = _____	16) 7 x 3 = _____
3) 4 - 4 = _____	10) 8 x 3 = _____	17) 2 x 5 = _____
4) 8 - 1 = _____	11) 1 - 1 = _____	18) 1 ÷ 1 = _____
5) 3 ÷ 3 = _____	12) 8 x 8 = _____	19) 5 + 4 = _____
6) 4 ÷ 4 = _____	13) 8 + 1 = _____	20) 7 + 1 = _____
7) 5 ÷ 5 = _____	14) 2 + 4 = _____	21) 6 x 7 = _____

Page: _79_　　　　　　　　　　**Date:**

1) 3 - 2 = _____	8) 7 - 1 = _____	15) 7 x 8 = _____
2) 7 x 7 = _____	9) 3 ÷ 3 = _____	16) 6 - 5 = _____
3) 2 + 3 = _____	10) 7 - 3 = _____	17) 1 ÷ 1 = _____
4) 3 ÷ 3 = _____	11) 8 + 2 = _____	18) 5 ÷ 5 = _____
5) 6 x 8 = _____	12) 5 + 8 = _____	19) 2 ÷ 2 = _____
6) 4 ÷ 4 = _____	13) 7 x 3 = _____	20) 7 x 8 = _____
7) 4 ÷ 2 = _____	14) 5 ÷ 5 = _____	21) 8 x 2 = _____

Page: _80_ Date:

1) 7 - 7 = _____	8) 6 ÷ 2 = _____	15) 4 ÷ 2 = _____
2) 3 ÷ 3 = _____	9) 1 x 8 = _____	16) 4 - 1 = _____
3) 1 ÷ 1 = _____	10) 7 x 2 = _____	17) 8 + 3 = _____
4) 6 - 6 = _____	11) 5 + 3 = _____	18) 3 + 2 = _____
5) 8 + 2 = _____	12) 7 x 6 = _____	19) 8 x 7 = _____
6) 7 x 3 = _____	13) 8 - 3 = _____	20) 7 + 8 = _____
7) 7 x 6 = _____	14) 2 + 3 = _____	21) 5 + 6 = _____

Page: _81_   **Date:**

1) 8 - 3 = _____	8) 4 + 7 = _____	15) 1 x 8 = _____
2) 4 ÷ 4 = _____	9) 8 ÷ 2 = _____	16) 7 x 1 = _____
3) 7 x 1 = _____	10) 8 - 4 = _____	17) 4 - 2 = _____
4) 1 x 5 = _____	11) 5 ÷ 5 = _____	18) 6 + 8 = _____
5) 3 ÷ 3 = _____	12) 2 - 1 = _____	19) 4 ÷ 4 = _____
6) 1 + 4 = _____	13) 4 + 8 = _____	20) 8 x 2 = _____
7) 3 ÷ 3 = _____	14) 2 ÷ 2 = _____	21) 7 ÷ 7 = _____

Page: *82*   **Date:**

1) $8 + 4 =$ ____	8) $6 \div 3 =$ ____	15) $7 - 5 =$ ____
2) $1 \div 1 =$ ____	9) $8 - 4 =$ ____	16) $2 - 1 =$ ____
3) $6 \div 2 =$ ____	10) $6 - 4 =$ ____	17) $4 \times 8 =$ ____
4) $1 + 7 =$ ____	11) $8 - 4 =$ ____	18) $4 \div 2 =$ ____
5) $8 - 4 =$ ____	12) $4 \times 7 =$ ____	19) $8 - 4 =$ ____
6) $6 - 4 =$ ____	13) $8 - 3 =$ ____	20) $8 \div 4 =$ ____
7) $8 \times 2 =$ ____	14) $3 \times 3 =$ ____	21) $8 + 4 =$ ____

Page: *83*   **Date:**

1) 5 x 3 = _____	8) 8 + 3 = _____	15) 2 x 2 = _____
2) 7 ÷ 7 = _____	9) 4 ÷ 4 = _____	16) 7 ÷ 7 = _____
3) 1 ÷ 1 = _____	10) 8 - 5 = _____	17) 6 x 3 = _____
4) 5 ÷ 5 = _____	11) 1 x 1 = _____	18) 2 x 5 = _____
5) 8 ÷ 2 = _____	12) 4 + 1 = _____	19) 5 - 3 = _____
6) 7 - 4 = _____	13) 7 x 4 = _____	20) 2 x 6 = _____
7) 3 ÷ 3 = _____	14) 8 x 1 = _____	21) 3 - 1 = _____

Page: _84_   **Date:**

1) $3 \times 2 =$ _____

2) $4 + 1 =$ _____

3) $6 \div 6 =$ _____

4) $2 \times 5 =$ _____

5) $8 - 4 =$ _____

6) $3 - 2 =$ _____

7) $6 - 3 =$ _____

8) $4 \div 4 =$ _____

9) $6 \times 4 =$ _____

10) $8 \div 8 =$ _____

11) $6 \times 5 =$ _____

12) $1 \div 1 =$ _____

13) $5 + 4 =$ _____

14) $1 + 6 =$ _____

15) $8 \times 1 =$ _____

16) $2 \times 1 =$ _____

17) $1 + 2 =$ _____

18) $7 \times 8 =$ _____

19) $5 + 5 =$ _____

20) $4 \times 4 =$ _____

21) $7 - 3 =$ _____

Page: _85_   Date:

1) 1 + 6 = _____	8) 6 ÷ 6 = _____	15) 5 - 3 = _____
2) 5 + 4 = _____	9) 2 - 1 = _____	16) 2 - 1 = _____
3) 2 ÷ 2 = _____	10) 6 + 2 = _____	17) 5 ÷ 5 = _____
4) 4 + 4 = _____	11) 8 x 8 = _____	18) 8 x 3 = _____
5) 1 x 6 = _____	12) 5 + 1 = _____	19) 3 - 1 = _____
6) 3 + 8 = _____	13) 2 x 8 = _____	20) 6 x 6 = _____
7) 2 ÷ 2 = _____	14) 3 x 7 = _____	21) 7 x 4 = _____

Page: *86*   Date:

1) 8 ÷ 2 = _____	8) 6 + 3 = _____	15) 8 ÷ 4 = _____
2) 8 x 2 = _____	9) 2 - 1 = _____	16) 6 + 7 = _____
3) 7 + 4 = _____	10) 1 x 3 = _____	17) 5 + 5 = _____
4) 5 + 2 = _____	11) 4 + 4 = _____	18) 8 - 3 = _____
5) 3 + 5 = _____	12) 1 x 5 = _____	19) 7 ÷ 7 = _____
6) 8 x 6 = _____	13) 1 + 2 = _____	20) 7 ÷ 7 = _____
7) 8 - 4 = _____	14) 8 - 5 = _____	21) 3 + 2 = _____

Page: _87_   Date:

1) 2 x 3 = _____	8) 7 ÷ 7 = _____	15) 6 x 3 = _____
2) 5 + 6 = _____	9) 3 x 3 = _____	16) 7 - 5 = _____
3) 8 ÷ 8 = _____	10) 3 - 2 = _____	17) 1 ÷ 1 = _____
4) 5 x 1 = _____	11) 5 - 4 = _____	18) 1 x 1 = _____
5) 7 x 3 = _____	12) 5 + 5 = _____	19) 4 + 3 = _____
6) 3 x 7 = _____	13) 8 + 8 = _____	20) 4 + 7 = _____
7) 8 - 4 = _____	14) 5 + 1 = _____	21) 7 - 6 = _____

Page: _88_   Date:

1) 3 x 5 = ____	8) 8 - 2 = ____	15) 8 - 6 = ____
2) 7 ÷ 7 = ____	9) 6 - 3 = ____	16) 6 x 4 = ____
3) 8 ÷ 8 = ____	10) 6 + 8 = ____	17) 8 - 4 = ____
4) 1 ÷ 1 = ____	11) 4 - 3 = ____	18) 8 x 5 = ____
5) 8 - 7 = ____	12) 4 + 6 = ____	19) 8 + 8 = ____
6) 4 - 1 = ____	13) 1 ÷ 1 = ____	20) 5 x 4 = ____
7) 5 + 8 = ____	14) 5 + 3 = ____	21) 1 ÷ 1 = ____

Page: *89*   **Date:**

1) 3 + 4 = _____	8) 1 + 2 = _____	15) 5 + 2 = _____
2) 6 ÷ 2 = _____	9) 3 + 4 = _____	16) 3 ÷ 3 = _____
3) 5 x 3 = _____	10) 4 ÷ 2 = _____	17) 1 + 4 = _____
4) 3 + 6 = _____	11) 8 - 1 = _____	18) 1 x 7 = _____
5) 7 - 5 = _____	12) 3 x 2 = _____	19) 4 - 3 = _____
6) 5 ÷ 5 = _____	13) 8 x 5 = _____	20) 2 ÷ 2 = _____
7) 8 - 7 = _____	14) 5 ÷ 5 = _____	21) 7 + 6 = _____

Page: 90   Date:

1) 8 + 1 = _____	8) 1 x 1 = _____	15) 2 + 7 = _____
2) 1 + 2 = _____	9) 7 x 8 = _____	16) 5 + 6 = _____
3) 3 ÷ 3 = _____	10) 2 ÷ 2 = _____	17) 7 + 6 = _____
4) 5 + 2 = _____	11) 3 + 4 = _____	18) 6 x 7 = _____
5) 1 + 7 = _____	12) 6 - 1 = _____	19) 7 x 1 = _____
6) 3 x 2 = _____	13) 6 x 7 = _____	20) 1 x 1 = _____
7) 1 ÷ 1 = _____	14) 6 + 5 = _____	21) 3 x 4 = _____

Page: *91*   **Date:**

1) 3 ÷ 3 = _____	8) 8 - 2 = _____	15) 2 x 4 = _____
2) 4 - 2 = _____	9) 4 x 6 = _____	16) 4 ÷ 4 = _____
3) 7 + 8 = _____	10) 2 + 5 = _____	17) 4 + 8 = _____
4) 8 - 3 = _____	11) 1 ÷ 1 = _____	18) 8 ÷ 8 = _____
5) 7 - 2 = _____	12) 7 - 3 = _____	19) 4 - 1 = _____
6) 4 x 3 = _____	13) 8 x 8 = _____	20) 6 - 6 = _____
7) 5 - 5 = _____	14) 7 x 3 = _____	21) 2 ÷ 2 = _____

Page: 92   Date:

1) 7 - 3 = _____	8) 5 - 2 = _____	15) 7 x 7 = _____
2) 2 - 1 = _____	9) 5 ÷ 5 = _____	16) 1 + 5 = _____
3) 6 x 5 = _____	10) 4 + 5 = _____	17) 1 ÷ 1 = _____
4) 3 - 3 = _____	11) 1 ÷ 1 = _____	18) 8 ÷ 4 = _____
5) 7 x 4 = _____	12) 6 x 2 = _____	19) 1 ÷ 1 = _____
6) 1 ÷ 1 = _____	13) 7 + 3 = _____	20) 4 ÷ 4 = _____
7) 5 + 1 = _____	14) 7 x 5 = _____	21) 2 + 3 = _____

Page: 93　　　　　　　　　　　　　　　　**Date:**

1) 8 x 2 = _____	8) 6 - 5 = _____	15) 4 ÷ 2 = _____
2) 8 ÷ 2 = _____	9) 8 - 7 = _____	16) 6 - 2 = _____
3) 7 ÷ 7 = _____	10) 8 ÷ 2 = _____	17) 7 - 5 = _____
4) 3 + 5 = _____	11) 7 x 3 = _____	18) 4 ÷ 2 = _____
5) 4 x 7 = _____	12) 5 + 1 = _____	19) 5 x 5 = _____
6) 8 ÷ 8 = _____	13) 1 ÷ 1 = _____	20) 6 ÷ 6 = _____
7) 5 x 3 = _____	14) 5 + 5 = _____	21) 4 + 4 = _____

Page: 94   Date:

1) 7 x 7 = _____	8) 3 ÷ 3 = _____	15) 8 - 8 = _____
2) 4 ÷ 4 = _____	9) 8 - 1 = _____	16) 6 ÷ 2 = _____
3) 3 + 5 = _____	10) 2 + 3 = _____	17) 1 + 7 = _____
4) 4 ÷ 4 = _____	11) 2 + 3 = _____	18) 5 + 7 = _____
5) 1 x 4 = _____	12) 4 + 3 = _____	19) 6 + 1 = _____
6) 3 x 8 = _____	13) 1 ÷ 1 = _____	20) 2 x 4 = _____
7) 8 + 1 = _____	14) 8 + 4 = _____	21) 7 ÷ 7 = _____

Page: *95*   **Date:**

1) 2 ÷ 2 = _____	8) 1 x 4 = _____	15) 1 + 5 = _____
2) 5 ÷ 5 = _____	9) 3 ÷ 3 = _____	16) 6 - 4 = _____
3) 7 ÷ 7 = _____	10) 2 + 6 = _____	17) 3 x 5 = _____
4) 8 x 1 = _____	11) 4 - 3 = _____	18) 7 - 3 = _____
5) 7 - 3 = _____	12) 7 ÷ 7 = _____	19) 4 + 1 = _____
6) 2 x 8 = _____	13) 5 - 4 = _____	20) 2 x 5 = _____
7) 5 ÷ 5 = _____	14) 1 ÷ 1 = _____	21) 6 + 2 = _____

Page: *96*   Date:

1) 4 x 7 = _____	8) 6 x 4 = _____	15) 3 x 1 = _____
2) 2 x 7 = _____	9) 3 - 3 = _____	16) 5 x 3 = _____
3) 4 - 3 = _____	10) 5 x 3 = _____	17) 2 + 8 = _____
4) 8 x 2 = _____	11) 6 x 1 = _____	18) 8 + 8 = _____
5) 6 x 7 = _____	12) 1 + 4 = _____	19) 7 x 1 = _____
6) 5 x 1 = _____	13) 5 - 3 = _____	20) 3 ÷ 3 = _____
7) 2 - 1 = _____	14) 7 + 4 = _____	21) 8 - 7 = _____

Page: *97*   **Date:**

1) 8 - 6 = _____	8) $3 \div 3$ = _____	15) 8 - 5 = _____
2) 6 + 6 = _____	9) 3 - 2 = _____	16) 8 x 7 = _____
3) 4 + 1 = _____	10) $6 \div 2$ = _____	17) $5 \div 5$ = _____
4) $2 \div 2$ = _____	11) 2 x 3 = _____	18) 8 x 4 = _____
5) $6 \div 2$ = _____	12) 6 x 7 = _____	19) 6 x 1 = _____
6) 6 + 3 = _____	13) 7 - 7 = _____	20) 4 - 3 = _____
7) 8 + 7 = _____	14) 4 + 3 = _____	21) 3 + 2 = _____

   Date:

1) $4 \div 4 =$ _____	8) $2 \div 2 =$ _____	15) $5 \div 5 =$ _____
2) $1 \div 1 =$ _____	9) $5 \div 5 =$ _____	16) $3 \div 3 =$ _____
3) $6 + 6 =$ _____	10) $8 + 3 =$ _____	17) $4 + 7 =$ _____
4) $7 \times 2 =$ _____	11) $5 - 3 =$ _____	18) $4 + 5 =$ _____
5) $3 \times 8 =$ _____	12) $5 \div 5 =$ _____	19) $4 \div 2 =$ _____
6) $2 + 1 =$ _____	13) $5 \times 1 =$ _____	20) $7 + 7 =$ _____
7) $3 \times 4 =$ _____	14) $6 - 3 =$ _____	21) $8 \div 8 =$ _____

Page: *99*   **Date:**

1) $2 \div 2 =$ _____	8) $7 + 6 =$ _____	15) $2 \times 1 =$ _____
2) $7 + 3 =$ _____	9) $6 + 8 =$ _____	16) $5 \div 5 =$ _____
3) $3 - 2 =$ _____	10) $6 - 5 =$ _____	17) $6 + 5 =$ _____
4) $5 \div 5 =$ _____	11) $7 + 3 =$ _____	18) $8 \div 4 =$ _____
5) $2 \div 2 =$ _____	12) $6 \div 2 =$ _____	19) $3 \times 3 =$ _____
6) $2 \div 2 =$ _____	13) $3 \div 3 =$ _____	20) $5 + 6 =$ _____
7) $7 \div 7 =$ _____	14) $4 \times 2 =$ _____	21) $8 + 5 =$ _____

Page: 100

Date:

1) 3 - 3 = _____	8) 8 - 2 = _____	15) 4 ÷ 2 = _____
2) 2 ÷ 2 = _____	9) 3 ÷ 3 = _____	16) 5 + 4 = _____
3) 7 + 7 = _____	10) 8 - 7 = _____	17) 7 x 8 = _____
4) 1 x 2 = _____	11) 1 + 2 = _____	18) 7 ÷ 7 = _____
5) 6 ÷ 2 = _____	12) 3 + 4 = _____	19) 3 ÷ 3 = _____
6) 8 - 1 = _____	13) 6 + 6 = _____	20) 8 ÷ 8 = _____
7) 2 x 5 = _____	14) 1 + 1 = _____	21) 6 - 6 = _____

Page: *101* Date:

1) $6 \times 7 =$ ____	8) $6 \div 3 =$ ____	15) $8 - 2 =$ ____
2) $2 \times 7 =$ ____	9) $4 + 8 =$ ____	16) $5 \times 7 =$ ____
3) $8 - 1 =$ ____	10) $7 + 8 =$ ____	17) $7 - 6 =$ ____
4) $1 \div 1 =$ ____	11) $8 - 3 =$ ____	18) $3 + 7 =$ ____
5) $8 \div 8 =$ ____	12) $5 + 8 =$ ____	19) $5 \div 5 =$ ____
6) $4 + 4 =$ ____	13) $2 \times 4 =$ ____	20) $7 - 4 =$ ____
7) $6 \div 2 =$ ____	14) $8 \times 5 =$ ____	21) $1 + 6 =$ ____

Page: *102*   **Date:**

1) $8 \div 8 =$ _____	8) $8 + 8 =$ _____	15) $1 + 4 =$ _____
2) $5 - 1 =$ _____	9) $8 \div 4 =$ _____	16) $2 \div 2 =$ _____
3) $6 - 4 =$ _____	10) $1 \div 1 =$ _____	17) $2 + 4 =$ _____
4) $5 \times 8 =$ _____	11) $7 + 3 =$ _____	18) $3 \div 3 =$ _____
5) $4 \div 4 =$ _____	12) $8 \div 4 =$ _____	19) $6 \times 6 =$ _____
6) $4 - 1 =$ _____	13) $6 - 4 =$ _____	20) $3 \div 3 =$ _____
7) $3 \times 6 =$ _____	14) $2 \times 6 =$ _____	21) $5 + 1 =$ _____

solution

1 (Solution)

Date:

1) 2 + 8 = 10	8) 7 x 6 = 42	15) 4 + 2 = 6
2) 8 - 2 = 6	9) 1 + 4 = 5	16) 5 ÷ 5 = 1
3) 7 x 4 = 28	10) 3 ÷ 3 = 1	17) 5 ÷ 5 = 1
4) 8 - 2 = 6	11) 2 ÷ 2 = 1	18) 1 x 5 = 5
5) 7 - 1 = 6	12) 2 + 7 = 9	19) 6 ÷ 3 = 2
6) 3 x 5 = 15	13) 1 + 3 = 4	20) 5 - 3 = 2
7) 8 - 4 = 4	14) 4 - 3 = 1	21) 2 ÷ 2 = 1

Page: _105_ Date:

1) 6 x 6 = 36	8) 6 - 6 = 0	15) 6 + 6 = 12
2) 4 + 5 = 9	9) 7 x 1 = 7	16) 7 + 8 = 15
3) 3 x 5 = 15	10) 8 x 5 = 40	17) 2 x 7 = 14
4) 7 x 8 = 56	11) 3 ÷ 3 = 1	18) 5 x 2 = 10
5) 1 + 5 = 6	12) 6 + 5 = 11	19) 3 ÷ 3 = 1
6) 6 ÷ 2 = 3	13) 5 x 6 = 30	20) 1 - 1 = 0
7) 8 - 3 = 5	14) 7 x 8 = 56	21) 7 ÷ 7 = 1

3 (Solution)

Date:

1) 5 + 8 = 13	8) 1 ÷ 1 = 1	15) 5 - 2 = 3
2) 2 - 2 = 0	9) 3 ÷ 3 = 1	16) 8 ÷ 8 = 1
3) 3 + 3 = 6	10) 7 x 2 = 14	17) 5 - 4 = 1
4) 4 x 6 = 24	11) 3 x 4 = 12	18) 7 + 7 = 14
5) 6 x 8 = 48	12) 6 - 2 = 4	19) 6 + 7 = 13
6) 2 + 6 = 8	13) 4 ÷ 2 = 2	20) 1 + 6 = 7
7) 2 ÷ 2 = 1	14) 4 - 1 = 3	21) 6 + 6 = 12

Page: *107*

Date:

1) 8 x 2 = 16	8) 1 x 1 = 1	15) 4 x 4 = 16
2) 3 ÷ 3 = 1	9) 5 x 2 = 10	16) 2 x 6 = 12
3) 8 ÷ 8 = 1	10) 8 - 6 = 2	17) 8 - 3 = 5
4) 8 + 3 = 11	11) 5 ÷ 5 = 1	18) 1 x 8 = 8
5) 2 + 3 = 5	12) 5 - 4 = 1	19) 8 x 2 = 16
6) 7 - 4 = 3	13) 3 + 5 = 8	20) 7 ÷ 7 = 1
7) 4 - 4 = 0	14) 3 ÷ 3 = 1	21) 6 - 3 = 3

Page: 108

Date:

1) $1 \div 1 = 1$	8) $8 + 4 = 12$	15) $8 - 2 = 6$
2) $6 + 8 = 14$	9) $3 \div 3 = 1$	16) $4 + 5 = 9$
3) $5 - 3 = 2$	10) $8 \times 3 = 24$	17) $4 \times 8 = 32$
4) $5 + 1 = 6$	11) $8 - 4 = 4$	18) $1 + 7 = 8$
5) $5 \div 5 = 1$	12) $4 \div 2 = 2$	19) $7 \div 7 = 1$
6) $5 + 1 = 6$	13) $3 - 3 = 0$	20) $1 \div 1 = 1$
7) $7 \times 6 = 42$	14) $8 - 7 = 1$	21) $8 - 1 = 7$

6 (Solution)

Date:

1) 8 x 7 = 56	8) 1 x 4 = 4	15) 6 x 6 = 36
2) 3 x 5 = 15	9) 5 - 1 = 4	16) 1 x 3 = 3
3) 5 x 7 = 35	10) 5 ÷ 5 = 1	17) 7 + 5 = 12
4) 7 - 4 = 3	11) 5 + 6 = 11	18) 3 ÷ 3 = 1
5) 1 ÷ 1 = 1	12) 5 ÷ 5 = 1	19) 4 - 1 = 3
6) 8 x 4 = 32	13) 3 + 4 = 7	20) 4 ÷ 4 = 1
7) 4 - 2 = 2	14) 3 + 3 = 6	21) 6 - 5 = 1

Page: *110*

Date:

1) $8 - 5 = 3$	8) $6 \div 2 = 3$	15) $2 \div 2 = 1$
2) $7 \times 7 = 49$	9) $7 \div 7 = 1$	16) $6 \div 6 = 1$
3) $4 + 3 = 7$	10) $7 - 3 = 4$	17) $6 - 6 = 0$
4) $8 \div 4 = 2$	11) $7 - 6 = 1$	18) $7 \div 7 = 1$
5) $8 \times 7 = 56$	12) $8 \times 3 = 24$	19) $4 - 1 = 3$
6) $6 \div 2 = 3$	13) $6 - 6 = 0$	20) $8 \times 5 = 40$
7) $3 \times 3 = 9$	14) $6 + 3 = 9$	21) $6 \div 3 = 2$

Page: *111*

Date:

1) 5 x 4 = 20	8) 2 x 6 = 12	15) 4 ÷ 4 = 1
2) 1 + 4 = 5	9) 3 + 1 = 4	16) 3 x 8 = 24
3) 3 ÷ 3 = 1	10) 5 - 2 = 3	17) 8 ÷ 8 = 1
4) 1 ÷ 1 = 1	11) 8 x 6 = 48	18) 7 + 6 = 13
5) 2 x 2 = 4	12) 8 ÷ 8 = 1	19) 4 ÷ 2 = 2
6) 5 ÷ 5 = 1	13) 6 - 6 = 0	20) 4 ÷ 2 = 2
7) 3 ÷ 3 = 1	14) 2 + 3 = 5	21) 4 ÷ 2 = 2

Page: 112

Date:

1) $7 - 5 = 2$	8) $7 \times 7 = 49$	15) $4 \div 4 = 1$
2) $4 - 2 = 2$	9) $4 \div 2 = 2$	16) $1 + 3 = 4$
3) $4 \div 4 = 1$	10) $5 \div 5 = 1$	17) $2 \times 2 = 4$
4) $1 \div 1 = 1$	11) $3 - 2 = 1$	18) $8 \div 4 = 2$
5) $6 \times 8 = 48$	12) $2 + 3 = 5$	19) $5 - 1 = 4$
6) $5 \div 5 = 1$	13) $2 \times 1 = 2$	20) $1 \times 5 = 5$
7) $3 \div 3 = 1$	14) $3 - 2 = 1$	21) $2 \div 2 = 1$

Page: 113

Date:

1) $1 + 1 = 2$	8) $6 \times 7 = 42$	15) $5 - 1 = 4$
2) $5 - 5 = 0$	9) $6 - 5 = 1$	16) $5 + 6 = 11$
3) $8 \div 2 = 4$	10) $6 \times 7 = 42$	17) $3 \div 3 = 1$
4) $1 \div 1 = 1$	11) $1 \times 4 = 4$	18) $3 \times 6 = 18$
5) $6 - 5 = 1$	12) $8 - 5 = 3$	19) $6 - 5 = 1$
6) $7 + 1 = 8$	13) $7 - 3 = 4$	20) $8 - 5 = 3$
7) $8 + 1 = 9$	14) $6 - 5 = 1$	21) $3 + 4 = 7$

Date:

1) 5 + 4 = 9	8) 3 - 3 = 0	15) 6 - 3 = 3
2) 1 + 6 = 7	9) 4 ÷ 2 = 2	16) 4 ÷ 4 = 1
3) 1 x 2 = 2	10) 3 ÷ 3 = 1	17) 1 x 4 = 4
4) 6 + 5 = 11	11) 3 x 6 = 18	18) 4 x 2 = 8
5) 5 x 5 = 25	12) 1 ÷ 1 = 1	19) 8 ÷ 4 = 2
6) 2 + 3 = 5	13) 8 ÷ 4 = 2	20) 5 x 8 = 40
7) 2 x 2 = 4	14) 1 + 8 = 9	21) 1 ÷ 1 = 1

Page: *115*

Date:

1) 7 + 6 = 13	8) 4 + 3 = 7	15) 6 x 5 = 30
2) 5 - 4 = 1	9) 2 ÷ 2 = 1	16) 1 ÷ 1 = 1
3) 3 + 4 = 7	10) 5 + 5 = 10	17) 7 - 3 = 4
4) 3 ÷ 3 = 1	11) 2 ÷ 2 = 1	18) 5 - 4 = 1
5) 2 - 2 = 0	12) 7 ÷ 7 = 1	19) 6 - 1 = 5
6) 5 + 1 = 6	13) 1 ÷ 1 = 1	20) 3 + 5 = 8
7) 6 x 3 = 18	14) 5 - 3 = 2	21) 8 - 3 = 5

13 (Solution)

Date:

1) 4 + 7 = 11	8) 1 + 7 = 8	15) 6 - 5 = 1
2) 4 x 1 = 4	9) 8 - 4 = 4	16) 2 x 1 = 2
3) 2 + 1 = 3	10) 7 - 5 = 2	17) 4 - 1 = 3
4) 8 + 7 = 15	11) 2 x 4 = 8	18) 6 - 4 = 2
5) 2 x 4 = 8	12) 8 + 4 = 12	19) 2 - 1 = 1
6) 7 - 7 = 0	13) 7 ÷ 7 = 1	20) 2 + 3 = 5
7) 6 ÷ 2 = 3	14) 6 - 1 = 5	21) 7 - 5 = 2

14 (Solution)

Date:

1) 7 x 7 = 49	8) 3 + 7 = 10	15) 4 ÷ 2 = 2
2) 8 ÷ 8 = 1	9) 5 ÷ 5 = 1	16) 6 x 5 = 30
3) 5 - 4 = 1	10) 7 - 4 = 3	17) 1 + 1 = 2
4) 7 + 7 = 14	11) 3 x 5 = 15	18) 8 ÷ 8 = 1
5) 6 + 6 = 12	12) 5 x 7 = 35	19) 3 ÷ 3 = 1
6) 8 ÷ 8 = 1	13) 4 + 5 = 9	20) 4 ÷ 4 = 1
7) 7 - 3 = 4	14) 7 x 2 = 14	21) 7 + 2 = 9

15 (Solution)

Date:

1) 5 x 7 = 35	8) 5 - 4 = 1	15) 4 + 5 = 9
2) 5 ÷ 5 = 1	9) 7 - 7 = 0	16) 4 x 8 = 32
3) 7 - 3 = 4	10) 2 + 4 = 6	17) 7 - 1 = 6
4) 2 ÷ 2 = 1	11) 4 ÷ 4 = 1	18) 5 - 2 = 3
5) 4 + 2 = 6	12) 8 ÷ 4 = 2	19) 4 - 2 = 2
6) 1 + 4 = 5	13) 8 - 3 = 5	20) 3 x 3 = 9
7) 5 + 2 = 7	14) 7 ÷ 7 = 1	21) 5 ÷ 5 = 1

Date:

1) 3 + 8 = 11	8) 6 - 5 = 1	15) 5 ÷ 5 = 1
2) 1 - 1 = 0	9) 2 x 4 = 8	16) 7 x 1 = 7
3) 1 - 1 = 0	10) 8 x 3 = 24	17) 4 + 2 = 6
4) 3 ÷ 3 = 1	11) 1 + 6 = 7	18) 4 ÷ 4 = 1
5) 1 x 5 = 5	12) 7 ÷ 7 = 1	19) 4 + 2 = 6
6) 5 - 3 = 2	13) 6 x 5 = 30	20) 4 ÷ 2 = 2
7) 8 x 3 = 24	14) 3 + 2 = 5	21) 4 + 3 = 7

17 (Solution)

Date:

1) 7 - 3 = 4	8) 5 + 1 = 6	15) 4 - 1 = 3
2) 7 ÷ 7 = 1	9) 3 + 2 = 5	16) 4 + 8 = 12
3) 5 x 4 = 20	10) 1 + 5 = 6	17) 7 + 3 = 10
4) 2 ÷ 2 = 1	11) 4 ÷ 4 = 1	18) 7 x 5 = 35
5) 6 - 1 = 5	12) 7 + 2 = 9	19) 4 x 7 = 28
6) 4 - 4 = 0	13) 7 + 2 = 9	20) 8 - 5 = 3
7) 2 x 3 = 6	14) 6 + 6 = 12	21) 8 ÷ 8 = 1

18 (Solution)

Date:

1) 5 + 5 = 10	8) 1 ÷ 1 = 1	15) 8 - 2 = 6
2) 6 x 8 = 48	9) 8 - 7 = 1	16) 2 + 2 = 4
3) 8 - 5 = 3	10) 8 x 2 = 16	17) 6 x 7 = 42
4) 4 ÷ 2 = 2	11) 6 + 4 = 10	18) 6 - 5 = 1
5) 4 ÷ 4 = 1	12) 1 x 8 = 8	19) 6 x 7 = 42
6) 8 + 1 = 9	13) 5 x 2 = 10	20) 1 x 4 = 4
7) 2 x 8 = 16	14) 5 - 4 = 1	21) 8 - 5 = 3

Page: 122

Date:

1) $2 \div 2 = 1$	8) $2 \times 7 = 14$	15) $7 - 1 = 6$
2) $6 + 1 = 7$	9) $4 \times 2 = 8$	16) $5 \times 5 = 25$
3) $1 \times 4 = 4$	10) $4 \times 2 = 8$	17) $7 \div 7 = 1$
4) $3 \div 3 = 1$	11) $4 + 1 = 5$	18) $2 \times 2 = 4$
5) $8 - 5 = 3$	12) $7 + 7 = 14$	19) $5 + 2 = 7$
6) $6 - 4 = 2$	13) $2 + 4 = 6$	20) $1 \div 1 = 1$
7) $3 - 2 = 1$	14) $4 + 1 = 5$	21) $3 - 3 = 0$

20 (Solution)

Date:

1) 4 + 5 = 9	8) 3 - 1 = 2	15) 5 - 3 = 2
2) 3 x 5 = 15	9) 7 ÷ 7 = 1	16) 6 x 1 = 6
3) 6 - 5 = 1	10) 4 + 8 = 12	17) 3 + 6 = 9
4) 5 x 1 = 5	11) 7 - 3 = 4	18) 8 - 2 = 6
5) 8 + 5 = 13	12) 1 ÷ 1 = 1	19) 7 x 2 = 14
6) 6 - 3 = 3	13) 1 x 8 = 8	20) 7 - 2 = 5
7) 3 + 5 = 8	14) 3 - 1 = 2	21) 4 - 4 = 0

21 (Solution)

Date:

1) 3 x 2 = 6	8) 5 ÷ 5 = 1	15) 6 ÷ 2 = 3
2) 5 + 1 = 6	9) 2 + 4 = 6	16) 1 ÷ 1 = 1
3) 1 ÷ 1 = 1	10) 8 - 3 = 5	17) 7 - 4 = 3
4) 2 - 2 = 0	11) 4 - 1 = 3	18) 1 + 7 = 8
5) 2 x 4 = 8	12) 4 + 8 = 12	19) 6 ÷ 6 = 1
6) 4 + 3 = 7	13) 8 - 4 = 4	20) 1 ÷ 1 = 1
7) 2 ÷ 2 = 1	14) 1 x 5 = 5	21) 4 + 4 = 8

Page: *125*

Date:

1) 7 x 3 = 21	8) 1 x 8 = 8	15) 4 x 8 = 32
2) 8 - 7 = 1	9) 5 - 2 = 3	16) 5 x 7 = 35
3) 4 ÷ 4 = 1	10) 7 - 6 = 1	17) 5 ÷ 5 = 1
4) 4 x 7 = 28	11) 8 - 7 = 1	18) 7 - 3 = 4
5) 6 - 5 = 1	12) 7 ÷ 7 = 1	19) 2 ÷ 2 = 1
6) 7 x 2 = 14	13) 2 ÷ 2 = 1	20) 4 - 3 = 1
7) 6 - 5 = 1	14) 1 x 1 = 1	21) 1 + 4 = 5

Page: 126

Date:

1) $8 \times 6 = 48$	8) $8 + 8 = 16$	15) $1 \div 1 = 1$
2) $7 \times 7 = 49$	9) $1 \div 1 = 1$	16) $7 - 7 = 0$
3) $3 \div 3 = 1$	10) $7 \times 4 = 28$	17) $6 \div 6 = 1$
4) $6 - 5 = 1$	11) $5 \times 8 = 40$	18) $6 + 2 = 8$
5) $7 + 3 = 10$	12) $8 \div 4 = 2$	19) $7 + 5 = 12$
6) $3 \times 4 = 12$	13) $6 + 7 = 13$	20) $5 \times 4 = 20$
7) $6 - 4 = 2$	14) $6 + 7 = 13$	21) $7 \times 5 = 35$

24 (Solution)

Date:

1) $6 \div 3 = 2$	8) $3 - 1 = 2$	15) $8 + 1 = 9$
2) $6 - 2 = 4$	9) $8 \times 8 = 64$	16) $1 \times 2 = 2$
3) $5 - 1 = 4$	10) $6 \times 4 = 24$	17) $2 \div 2 = 1$
4) $1 \div 1 = 1$	11) $8 - 4 = 4$	18) $1 \times 4 = 4$
5) $1 + 4 = 5$	12) $1 + 4 = 5$	19) $8 + 2 = 10$
6) $3 \div 3 = 1$	13) $5 - 3 = 2$	20) $7 \times 2 = 14$
7) $8 \times 3 = 24$	14) $2 \div 2 = 1$	21) $2 + 6 = 8$

25 (Solution)

Date:

1) 3 ÷ 3 = 1	8) 8 x 6 = 48	15) 1 ÷ 1 = 1
2) 8 ÷ 4 = 2	9) 8 ÷ 8 = 1	16) 1 + 4 = 5
3) 5 x 8 = 40	10) 2 ÷ 2 = 1	17) 5 - 3 = 2
4) 7 ÷ 7 = 1	11) 7 x 4 = 28	18) 8 x 7 = 56
5) 6 + 2 = 8	12) 8 x 1 = 8	19) 2 x 2 = 4
6) 1 x 5 = 5	13) 2 x 1 = 2	20) 8 - 8 = 0
7) 6 x 8 = 48	14) 1 + 2 = 3	21) 7 - 4 = 3

Page: *129*   **Date:**

1) $5 \div 5 = 1$	8) $3 - 2 = 1$	15) $4 \div 4 = 1$
2) $1 \times 5 = 5$	9) $8 \div 8 = 1$	16) $1 \div 1 = 1$
3) $6 - 3 = 3$	10) $2 \div 2 = 1$	17) $7 - 4 = 3$
4) $1 \times 5 = 5$	11) $7 - 5 = 2$	18) $1 + 7 = 8$
5) $7 \div 7 = 1$	12) $8 - 1 = 7$	19) $1 + 7 = 8$
6) $1 \times 3 = 3$	13) $8 - 1 = 7$	20) $1 \div 1 = 1$
7) $5 \div 5 = 1$	14) $8 + 6 = 14$	21) $7 - 7 = 0$

Page: *130* Date:

1) $7 \times 1 = 7$	8) $8 \times 7 = 56$	15) $2 - 1 = 1$
2) $6 - 3 = 3$	9) $8 - 2 = 6$	16) $5 \div 5 = 1$
3) $7 - 3 = 4$	10) $4 - 2 = 2$	17) $6 + 3 = 9$
4) $1 \div 1 = 1$	11) $8 - 5 = 3$	18) $4 - 1 = 3$
5) $7 \div 7 = 1$	12) $2 \div 2 = 1$	19) $8 + 2 = 10$
6) $5 + 7 = 12$	13) $8 + 5 = 13$	20) $1 - 1 = 0$
7) $7 + 7 = 14$	14) $4 - 4 = 0$	21) $3 \times 7 = 21$

Page: 131

Date:

1) 7 x 1 = 7	8) 7 x 1 = 7	15) 7 + 3 = 10
2) 6 - 4 = 2	9) 4 ÷ 2 = 2	16) 8 - 2 = 6
3) 8 - 6 = 2	10) 8 x 7 = 56	17) 5 x 1 = 5
4) 5 x 7 = 35	11) 8 - 1 = 7	18) 6 x 8 = 48
5) 8 x 4 = 32	12) 1 + 2 = 3	19) 3 ÷ 3 = 1
6) 8 ÷ 2 = 4	13) 7 ÷ 7 = 1	20) 5 + 8 = 13
7) 4 + 8 = 12	14) 8 x 8 = 64	21) 4 ÷ 2 = 2

29 (Solution)

Page: 132

Date:

1) 8 + 8 = 16	8) 3 + 8 = 11	15) 3 ÷ 3 = 1
2) 6 + 8 = 14	9) 2 + 4 = 6	16) 8 ÷ 2 = 4
3) 2 ÷ 2 = 1	10) 5 x 4 = 20	17) 1 x 4 = 4
4) 4 + 7 = 11	11) 8 x 7 = 56	18) 4 ÷ 2 = 2
5) 8 + 2 = 10	12) 2 - 2 = 0	19) 4 + 6 = 10
6) 7 - 2 = 5	13) 8 - 7 = 1	20) 7 x 3 = 21
7) 4 ÷ 2 = 2	14) 2 + 7 = 9	21) 4 ÷ 2 = 2

30 (Solution)

Date:

1) 8 - 6 = 2	8) 6 + 1 = 7	15) 2 x 1 = 2
2) 8 - 1 = 7	9) 2 x 4 = 8	16) 1 + 1 = 2
3) 8 ÷ 8 = 1	10) 3 x 3 = 9	17) 6 ÷ 6 = 1
4) 3 ÷ 3 = 1	11) 5 + 4 = 9	18) 7 x 7 = 49
5) 2 x 2 = 4	12) 5 ÷ 5 = 1	19) 2 x 6 = 12
6) 5 ÷ 5 = 1	13) 4 ÷ 4 = 1	20) 7 + 7 = 14
7) 6 + 8 = 14	14) 8 - 7 = 1	21) 8 x 6 = 48

Page: *134* Date:

1) 7 - 5 = 2	8) 2 ÷ 2 = 1	15) 2 + 3 = 5
2) 2 + 8 = 10	9) 4 + 3 = 7	16) 5 + 8 = 13
3) 2 x 6 = 12	10) 2 ÷ 2 = 1	17) 2 x 7 = 14
4) 8 x 5 = 40	11) 5 + 7 = 12	18) 3 ÷ 3 = 1
5) 5 ÷ 5 = 1	12) 4 x 5 = 20	19) 8 x 7 = 56
6) 2 x 3 = 6	13) 3 - 2 = 1	20) 1 + 4 = 5
7) 4 + 4 = 8	14) 8 x 7 = 56	21) 4 ÷ 2 = 2

Date:

1) 8 - 6 = 2	8) 8 + 6 = 14	15) 1 x 5 = 5
2) 3 - 1 = 2	9) 6 - 3 = 3	16) 6 ÷ 2 = 3
3) 8 - 4 = 4	10) 1 + 3 = 4	17) 1 ÷ 1 = 1
4) 5 ÷ 5 = 1	11) 8 - 2 = 6	18) 6 ÷ 6 = 1
5) 3 - 1 = 2	12) 8 - 4 = 4	19) 7 + 4 = 11
6) 6 - 5 = 1	13) 4 + 8 = 12	20) 5 x 6 = 30
7) 7 - 3 = 4	14) 8 - 3 = 5	21) 8 - 5 = 3

33 (Solution)

Date:

1) 3 x 2 = 6	8) 1 + 5 = 6	15) 3 - 1 = 2
2) 3 ÷ 3 = 1	9) 3 ÷ 3 = 1	16) 6 x 2 = 12
3) 6 ÷ 6 = 1	10) 5 - 4 = 1	17) 7 x 1 = 7
4) 8 ÷ 4 = 2	11) 2 - 1 = 1	18) 3 ÷ 3 = 1
5) 3 ÷ 3 = 1	12) 6 + 8 = 14	19) 3 x 3 = 9
6) 5 - 3 = 2	13) 1 x 1 = 1	20) 2 x 4 = 8
7) 1 + 2 = 3	14) 8 + 4 = 12	21) 6 - 6 = 0

34 (Solution)

Date:

1) 8 - 4 = 4	8) 3 + 7 = 10	15) 8 - 7 = 1
2) 8 ÷ 2 = 4	9) 3 ÷ 3 = 1	16) 7 ÷ 7 = 1
3) 6 - 2 = 4	10) 8 - 4 = 4	17) 6 - 5 = 1
4) 7 x 3 = 21	11) 3 ÷ 3 = 1	18) 5 x 1 = 5
5) 6 + 7 = 13	12) 1 x 7 = 7	19) 8 - 5 = 3
6) 5 + 6 = 11	13) 1 ÷ 1 = 1	20) 3 x 6 = 18
7) 5 ÷ 5 = 1	14) 5 + 6 = 11	21) 3 x 5 = 15

Page: 138

Date:

1) 7 + 7 = 14	8) 6 x 5 = 30	15) 6 x 5 = 30
2) 3 x 7 = 21	9) 8 ÷ 2 = 4	16) 3 + 2 = 5
3) 3 + 5 = 8	10) 5 - 3 = 2	17) 3 x 3 = 9
4) 5 + 3 = 8	11) 6 x 2 = 12	18) 3 x 3 = 9
5) 5 + 4 = 9	12) 7 - 2 = 5	19) 5 x 8 = 40
6) 5 - 2 = 3	13) 3 - 2 = 1	20) 8 + 6 = 14
7) 8 x 3 = 24	14) 8 ÷ 8 = 1	21) 6 + 6 = 12

36 (Solution)

Date:

1) $5 \div 5 = 1$	8) $3 - 3 = 0$	15) $8 \div 4 = 2$
2) $8 + 2 = 10$	9) $8 - 7 = 1$	16) $7 \times 4 = 28$
3) $7 \times 2 = 14$	10) $4 \div 4 = 1$	17) $5 - 1 = 4$
4) $8 \div 4 = 2$	11) $8 - 3 = 5$	18) $4 \div 2 = 2$
5) $7 + 7 = 14$	12) $6 \times 1 = 6$	19) $1 \times 7 = 7$
6) $8 - 7 = 1$	13) $6 - 4 = 2$	20) $8 + 1 = 9$
7) $6 \div 3 = 2$	14) $3 \times 5 = 15$	21) $2 + 3 = 5$

Page: _140_   **Date:**

1) $8 - 6 = 2$	8) $6 + 4 = 10$	15) $6 - 3 = 3$
2) $8 \div 4 = 2$	9) $6 \div 6 = 1$	16) $2 + 4 = 6$
3) $5 + 6 = 11$	10) $1 - 1 = 0$	17) $1 \times 3 = 3$
4) $2 + 5 = 7$	11) $7 \times 1 = 7$	18) $5 \div 5 = 1$
5) $4 \times 1 = 4$	12) $8 \times 5 = 40$	19) $6 - 1 = 5$
6) $6 \times 6 = 36$	13) $1 \div 1 = 1$	20) $4 \times 5 = 20$
7) $4 \div 2 = 2$	14) $7 - 2 = 5$	21) $5 + 7 = 12$

Date:

1) $3 \div 3 = 1$	8) $4 - 1 = 3$	15) $4 \div 4 = 1$
2) $1 \times 5 = 5$	9) $6 + 2 = 8$	16) $7 \times 5 = 35$
3) $1 + 3 = 4$	10) $7 \times 5 = 35$	17) $1 + 2 = 3$
4) $8 \times 3 = 24$	11) $4 \times 6 = 24$	18) $8 \div 8 = 1$
5) $1 \div 1 = 1$	12) $7 - 5 = 2$	19) $6 \div 2 = 3$
6) $8 - 8 = 0$	13) $7 \div 7 = 1$	20) $3 \div 3 = 1$
7) $5 \times 1 = 5$	14) $6 \times 2 = 12$	21) $6 \times 4 = 24$

39 (Solution)

Date:

1) 5 ÷ 5 = 1	8) 6 - 5 = 1	15) 2 x 6 = 12
2) 4 + 2 = 6	9) 8 - 2 = 6	16) 2 x 7 = 14
3) 4 ÷ 2 = 2	10) 8 x 3 = 24	17) 5 ÷ 5 = 1
4) 4 + 3 = 7	11) 7 ÷ 7 = 1	18) 4 ÷ 2 = 2
5) 1 x 5 = 5	12) 7 - 4 = 3	19) 4 + 7 = 11
6) 5 x 7 = 35	13) 5 - 3 = 2	20) 8 + 1 = 9
7) 8 x 3 = 24	14) 2 ÷ 2 = 1	21) 8 - 3 = 5

40 (Solution)

Date:

1) 7 + 2 = 9	8) 7 x 6 = 42	15) 5 - 2 = 3
2) 3 + 2 = 5	9) 7 + 8 = 15	16) 5 - 4 = 1
3) 6 x 6 = 36	10) 8 - 7 = 1	17) 8 - 5 = 3
4) 7 x 2 = 14	11) 8 ÷ 8 = 1	18) 1 + 2 = 3
5) 2 + 7 = 9	12) 7 - 3 = 4	19) 7 - 6 = 1
6) 1 + 3 = 4	13) 8 x 5 = 40	20) 3 + 8 = 11
7) 2 + 1 = 3	14) 4 ÷ 4 = 1	21) 1 x 3 = 3

41 (Solution)

Date:

1) 3 x 2 = 6	8) 5 + 8 = 13	15) 4 - 3 = 1
2) 1 + 2 = 3	9) 8 - 2 = 6	16) 5 + 3 = 8
3) 7 x 8 = 56	10) 3 - 2 = 1	17) 5 - 5 = 0
4) 6 + 6 = 12	11) 2 ÷ 2 = 1	18) 8 - 4 = 4
5) 5 ÷ 5 = 1	12) 2 x 4 = 8	19) 4 ÷ 4 = 1
6) 4 ÷ 4 = 1	13) 4 - 2 = 2	20) 5 + 4 = 9
7) 6 + 7 = 13	14) 7 ÷ 7 = 1	21) 2 ÷ 2 = 1

42 (Solution)

Date:

1) 6 - 5 = 1	8) 8 ÷ 2 = 4	15) 7 - 7 = 0
2) 6 x 2 = 12	9) 3 - 2 = 1	16) 3 - 1 = 2
3) 7 x 2 = 14	10) 7 x 6 = 42	17) 1 ÷ 1 = 1
4) 2 - 1 = 1	11) 1 - 1 = 0	18) 6 - 1 = 5
5) 7 x 7 = 49	12) 6 + 7 = 13	19) 3 - 3 = 0
6) 6 x 3 = 18	13) 3 + 6 = 9	20) 2 - 1 = 1
7) 3 + 8 = 11	14) 4 x 2 = 8	21) 4 + 8 = 12

Page: *146*   **Date:**

1) 3 ÷ 3 = 1	8) 6 + 3 = 9	15) 1 + 2 = 3
2) 8 - 8 = 0	9) 4 - 3 = 1	16) 3 x 8 = 24
3) 4 - 1 = 3	10) 7 x 7 = 49	17) 1 + 2 = 3
4) 4 + 8 = 12	11) 1 + 2 = 3	18) 4 ÷ 4 = 1
5) 6 + 2 = 8	12) 3 x 8 = 24	19) 7 ÷ 7 = 1
6) 4 + 2 = 6	13) 5 ÷ 5 = 1	20) 1 + 4 = 5
7) 1 + 4 = 5	14) 4 x 5 = 20	21) 1 x 2 = 2

44 (Solution)

Date:

1) 4 + 4 = 8	8) 3 - 3 = 0	15) 3 x 5 = 15
2) 8 - 8 = 0	9) 7 + 8 = 15	16) 4 ÷ 2 = 2
3) 1 ÷ 1 = 1	10) 4 + 8 = 12	17) 7 - 4 = 3
4) 8 ÷ 8 = 1	11) 1 x 7 = 7	18) 2 ÷ 2 = 1
5) 7 x 8 = 56	12) 6 ÷ 2 = 3	19) 2 ÷ 2 = 1
6) 7 - 3 = 4	13) 1 - 1 = 0	20) 5 - 4 = 1
7) 4 ÷ 4 = 1	14) 4 x 7 = 28	21) 7 - 7 = 0

Page: 148

Date:

1) 4 - 3 = 1	8) 4 ÷ 4 = 1	15) 5 ÷ 5 = 1
2) 3 x 7 = 21	9) 2 + 6 = 8	16) 8 - 7 = 1
3) 7 + 8 = 15	10) 2 ÷ 2 = 1	17) 5 x 6 = 30
4) 2 + 8 = 10	11) 2 - 2 = 0	18) 5 - 4 = 1
5) 4 x 4 = 16	12) 6 - 1 = 5	19) 2 x 2 = 4
6) 3 + 8 = 11	13) 8 + 1 = 9	20) 3 - 3 = 0
7) 1 ÷ 1 = 1	14) 4 x 1 = 4	21) 6 + 2 = 8

46 (Solution)

Date:

1) 6 ÷ 2 = 3	8) 5 - 2 = 3	15) 6 x 6 = 36
2) 8 - 1 = 7	9) 6 - 4 = 2	16) 4 ÷ 4 = 1
3) 4 + 1 = 5	10) 6 x 6 = 36	17) 7 + 3 = 10
4) 6 ÷ 2 = 3	11) 1 x 1 = 1	18) 2 ÷ 2 = 1
5) 3 + 8 = 11	12) 6 - 5 = 1	19) 2 x 7 = 14
6) 7 - 3 = 4	13) 5 ÷ 5 = 1	20) 2 + 8 = 10
7) 6 - 4 = 2	14) 4 x 1 = 4	21) 8 - 2 = 6

Page: 150

Date:

1) $1 \div 1 = 1$	8) $2 \times 8 = 16$	15) $8 \times 3 = 24$
2) $5 + 5 = 10$	9) $6 \div 6 = 1$	16) $6 - 5 = 1$
3) $3 + 5 = 8$	10) $7 \times 5 = 35$	17) $8 - 3 = 5$
4) $2 \div 2 = 1$	11) $6 - 1 = 5$	18) $8 \times 3 = 24$
5) $1 \div 1 = 1$	12) $8 - 6 = 2$	19) $7 \div 7 = 1$
6) $7 - 7 = 0$	13) $5 \div 5 = 1$	20) $4 \div 4 = 1$
7) $6 \div 3 = 2$	14) $5 \times 6 = 30$	21) $4 \div 2 = 2$

48 (Solution)

Date:

1) 3 ÷ 3 = 1	8) 1 + 6 = 7	15) 7 - 1 = 6
2) 4 ÷ 2 = 2	9) 2 x 2 = 4	16) 1 ÷ 1 = 1
3) 8 - 2 = 6	10) 7 x 1 = 7	17) 7 ÷ 7 = 1
4) 2 ÷ 2 = 1	11) 7 - 3 = 4	18) 7 - 6 = 1
5) 6 - 5 = 1	12) 2 ÷ 2 = 1	19) 4 x 8 = 32
6) 8 + 8 = 16	13) 1 + 3 = 4	20) 8 - 5 = 3
7) 6 + 7 = 13	14) 3 ÷ 3 = 1	21) 6 - 3 = 3

Page: *152*   Date:

1) 5 - 3 = 2	8) 5 + 8 = 13	15) 8 ÷ 2 = 4
2) 2 x 2 = 4	9) 7 ÷ 7 = 1	16) 1 + 7 = 8
3) 5 ÷ 5 = 1	10) 8 ÷ 2 = 4	17) 6 - 3 = 3
4) 8 x 6 = 48	11) 4 ÷ 2 = 2	18) 6 - 3 = 3
5) 4 x 5 = 20	12) 6 - 5 = 1	19) 8 x 2 = 16
6) 7 + 6 = 13	13) 8 - 1 = 7	20) 4 x 8 = 32
7) 6 - 6 = 0	14) 7 ÷ 7 = 1	21) 1 + 6 = 7

50 (Solution)

Date:

1) 5 + 2 = 7	8) 4 x 8 = 32	15) 4 x 8 = 32
2) 5 + 1 = 6	9) 6 + 1 = 7	16) 7 + 5 = 12
3) 5 - 2 = 3	10) 1 ÷ 1 = 1	17) 8 + 3 = 11
4) 6 - 2 = 4	11) 2 - 1 = 1	18) 8 + 2 = 10
5) 4 x 4 = 16	12) 5 - 3 = 2	19) 8 - 8 = 0
6) 8 - 6 = 2	13) 7 ÷ 7 = 1	20) 4 x 8 = 32
7) 3 - 2 = 1	14) 4 + 5 = 9	21) 4 + 6 = 10

Date:

1) 5 + 2 = 7	8) 4 x 1 = 4	15) 1 x 2 = 2
2) 6 + 4 = 10	9) 5 + 8 = 13	16) 8 - 3 = 5
3) 1 + 3 = 4	10) 8 - 2 = 6	17) 6 + 6 = 12
4) 7 - 2 = 5	11) 4 - 4 = 0	18) 1 ÷ 1 = 1
5) 4 - 4 = 0	12) 3 + 1 = 4	19) 3 ÷ 3 = 1
6) 6 x 8 = 48	13) 1 ÷ 1 = 1	20) 8 x 6 = 48
7) 2 + 3 = 5	14) 2 - 2 = 0	21) 3 ÷ 3 = 1

52 (Solution)

Date:

1) 8 x 4 = 32	8) 3 + 3 = 6	15) 8 - 1 = 7
2) 7 x 7 = 49	9) 3 - 1 = 2	16) 1 x 1 = 1
3) 7 x 1 = 7	10) 7 x 4 = 28	17) 8 - 3 = 5
4) 2 + 4 = 6	11) 6 - 3 = 3	18) 8 + 2 = 10
5) 7 - 2 = 5	12) 6 x 4 = 24	19) 8 - 5 = 3
6) 4 + 7 = 11	13) 3 ÷ 3 = 1	20) 8 x 3 = 24
7) 8 + 7 = 15	14) 2 - 1 = 1	21) 5 + 5 = 10

53 (Solution)

Date:

1) $2 \div 2 = 1$	8) $5 - 2 = 3$	15) $6 - 5 = 1$
2) $5 - 4 = 1$	9) $7 - 3 = 4$	16) $7 \div 7 = 1$
3) $4 + 4 = 8$	10) $2 \times 6 = 12$	17) $8 - 1 = 7$
4) $5 - 5 = 0$	11) $5 \times 7 = 35$	18) $6 \times 7 = 42$
5) $8 - 2 = 6$	12) $8 \times 6 = 48$	19) $6 \times 7 = 42$
6) $5 \div 5 = 1$	13) $7 \times 7 = 49$	20) $4 \div 4 = 1$
7) $2 \div 2 = 1$	14) $1 \times 3 = 3$	21) $8 - 1 = 7$

54 (Solution)

Date:

1) 8 - 3 = 5	8) 7 + 8 = 15	15) 1 + 4 = 5
2) 2 x 4 = 8	9) 4 - 3 = 1	16) 1 x 2 = 2
3) 2 - 2 = 0	10) 5 x 5 = 25	17) 4 + 4 = 8
4) 4 + 3 = 7	11) 4 - 2 = 2	18) 1 x 1 = 1
5) 3 x 5 = 15	12) 8 ÷ 2 = 4	19) 2 ÷ 2 = 1
6) 5 - 3 = 2	13) 4 ÷ 4 = 1	20) 7 - 1 = 6
7) 8 ÷ 2 = 4	14) 7 ÷ 7 = 1	21) 2 ÷ 2 = 1

55 (Solution)

Date:

1) 5 x 8 = 40	8) 2 + 6 = 8	15) 4 ÷ 2 = 2
2) 8 + 5 = 13	9) 3 + 2 = 5	16) 2 + 7 = 9
3) 2 + 5 = 7	10) 4 x 8 = 32	17) 1 + 3 = 4
4) 8 ÷ 2 = 4	11) 5 + 4 = 9	18) 2 + 1 = 3
5) 7 - 1 = 6	12) 3 + 5 = 8	19) 5 + 4 = 9
6) 2 x 7 = 14	13) 3 ÷ 3 = 1	20) 5 ÷ 5 = 1
7) 8 ÷ 4 = 2	14) 8 - 3 = 5	21) 3 ÷ 3 = 1

Page: *159*

Date:

1) 7 - 5 = 2	8) 5 - 5 = 0	15) 1 ÷ 1 = 1
2) 4 + 1 = 5	9) 3 + 6 = 9	16) 3 + 6 = 9
3) 7 - 3 = 4	10) 5 ÷ 5 = 1	17) 5 ÷ 5 = 1
4) 8 ÷ 8 = 1	11) 8 + 3 = 11	18) 1 x 5 = 5
5) 6 ÷ 3 = 2	12) 6 ÷ 2 = 3	19) 4 x 7 = 28
6) 7 x 8 = 56	13) 7 ÷ 7 = 1	20) 2 x 5 = 10
7) 8 x 4 = 32	14) 6 ÷ 2 = 3	21) 5 ÷ 5 = 1

57 (Solution)

Page: *160* Date:

1) 2 ÷ 2 = 1	8) 3 x 3 = 9	15) 7 x 1 = 7
2) 5 - 2 = 3	9) 3 x 3 = 9	16) 5 - 5 = 0
3) 5 - 3 = 2	10) 8 - 3 = 5	17) 8 - 7 = 1
4) 8 - 1 = 7	11) 4 ÷ 2 = 2	18) 3 + 8 = 11
5) 7 ÷ 7 = 1	12) 7 + 2 = 9	19) 4 + 5 = 9
6) 6 x 5 = 30	13) 2 ÷ 2 = 1	20) 6 + 5 = 11
7) 3 + 2 = 5	14) 7 x 8 = 56	21) 5 x 6 = 30

58 (Solution)

Date:

1) $1 \div 1 = 1$	8) $2 + 4 = 6$	15) $2 \times 1 = 2$
2) $7 - 6 = 1$	9) $3 - 2 = 1$	16) $3 - 1 = 2$
3) $6 \times 7 = 42$	10) $8 \times 7 = 56$	17) $2 + 6 = 8$
4) $2 \div 2 = 1$	11) $8 + 8 = 16$	18) $2 \div 2 = 1$
5) $4 \times 2 = 8$	12) $8 - 8 = 0$	19) $4 \times 4 = 16$
6) $7 \times 7 = 49$	13) $3 + 6 = 9$	20) $7 \times 1 = 7$
7) $8 \div 2 = 4$	14) $4 \times 2 = 8$	21) $2 - 1 = 1$

59 (Solution)

Date:

1) 4 x 1 = 4	8) 2 + 3 = 5	15) 6 + 6 = 12
2) 4 ÷ 2 = 2	9) 2 + 5 = 7	16) 5 x 5 = 25
3) 2 + 6 = 8	10) 6 x 7 = 42	17) 8 - 4 = 4
4) 8 ÷ 4 = 2	11) 4 ÷ 2 = 2	18) 6 ÷ 2 = 3
5) 8 + 4 = 12	12) 3 x 2 = 6	19) 4 x 2 = 8
6) 5 ÷ 5 = 1	13) 1 + 2 = 3	20) 5 - 2 = 3
7) 4 ÷ 4 = 1	14) 8 ÷ 2 = 4	21) 6 ÷ 2 = 3

Date:

1) $1 \div 1 = 1$	8) $4 \div 4 = 1$	15) $5 - 1 = 4$
2) $8 + 2 = 10$	9) $8 - 3 = 5$	16) $2 \times 6 = 12$
3) $7 - 2 = 5$	10) $6 \times 1 = 6$	17) $6 \div 2 = 3$
4) $3 \times 6 = 18$	11) $7 - 5 = 2$	18) $8 \times 1 = 8$
5) $8 \div 4 = 2$	12) $4 \times 6 = 24$	19) $8 \times 3 = 24$
6) $3 - 3 = 0$	13) $8 \div 4 = 2$	20) $6 \times 6 = 36$
7) $5 + 6 = 11$	14) $5 - 1 = 4$	21) $1 \times 1 = 1$

61 (Solution)

Date:

1) 8 ÷ 4 = 2	8) 2 x 5 = 10	15) 7 ÷ 7 = 1
2) 5 - 4 = 1	9) 3 x 2 = 6	16) 5 - 4 = 1
3) 1 + 5 = 6	10) 4 + 4 = 8	17) 4 x 8 = 32
4) 6 + 5 = 11	11) 3 x 4 = 12	18) 7 + 5 = 12
5) 7 ÷ 7 = 1	12) 5 x 6 = 30	19) 8 + 3 = 11
6) 8 - 1 = 7	13) 7 ÷ 7 = 1	20) 8 + 3 = 11
7) 8 - 3 = 5	14) 8 - 7 = 1	21) 8 - 8 = 0

62 (Solution)

Date:

1) 7 + 4 = 11	8) 8 + 5 = 13	15) 3 ÷ 3 = 1
2) 7 x 1 = 7	9) 2 ÷ 2 = 1	16) 5 + 8 = 13
3) 1 x 7 = 7	10) 8 ÷ 2 = 4	17) 2 x 8 = 16
4) 1 x 7 = 7	11) 1 + 5 = 6	18) 7 + 8 = 15
5) 5 x 8 = 40	12) 5 x 2 = 10	19) 8 - 1 = 7
6) 3 ÷ 3 = 1	13) 6 x 1 = 6	20) 1 x 1 = 1
7) 2 ÷ 2 = 1	14) 6 x 8 = 48	21) 7 - 3 = 4

63 (Solution)

Date:

1) 1 + 3 = 4	8) 5 ÷ 5 = 1	15) 8 x 4 = 32
2) 7 x 2 = 14	9) 5 x 3 = 15	16) 8 x 7 = 56
3) 2 ÷ 2 = 1	10) 6 x 1 = 6	17) 5 ÷ 5 = 1
4) 8 - 8 = 0	11) 6 x 8 = 48	18) 6 - 5 = 1
5) 8 + 5 = 13	12) 3 x 5 = 15	19) 3 ÷ 3 = 1
6) 4 - 4 = 0	13) 7 ÷ 7 = 1	20) 5 - 2 = 3
7) 7 - 6 = 1	14) 6 - 3 = 3	21) 2 ÷ 2 = 1

Page: *167*

Date:

1) 8 + 8 = 16	8) 2 ÷ 2 = 1	15) 8 x 2 = 16
2) 8 - 4 = 4	9) 6 + 7 = 13	16) 5 - 5 = 0
3) 1 ÷ 1 = 1	10) 3 ÷ 3 = 1	17) 2 x 1 = 2
4) 6 - 5 = 1	11) 8 x 4 = 32	18) 4 - 1 = 3
5) 8 - 1 = 7	12) 8 x 7 = 56	19) 5 + 6 = 11
6) 7 ÷ 7 = 1	13) 7 + 3 = 10	20) 7 + 6 = 13
7) 7 ÷ 7 = 1	14) 8 x 1 = 8	21) 5 - 4 = 1

65 (Solution)

Date:

1) 7 x 8 = 56	8) 6 x 5 = 30	15) 8 + 4 = 12
2) 4 ÷ 2 = 2	9) 5 x 1 = 5	16) 3 x 8 = 24
3) 4 ÷ 4 = 1	10) 7 - 6 = 1	17) 4 x 7 = 28
4) 8 + 8 = 16	11) 8 x 3 = 24	18) 4 x 6 = 24
5) 7 - 5 = 2	12) 5 + 5 = 10	19) 4 ÷ 2 = 2
6) 5 + 2 = 7	13) 2 ÷ 2 = 1	20) 2 x 6 = 12
7) 8 - 6 = 2	14) 8 x 1 = 8	21) 2 ÷ 2 = 1

66 (Solution)

Date:

1) $8 \div 4 = 2$	8) $1 \div 1 = 1$	15) $4 - 1 = 3$
2) $8 \div 2 = 4$	9) $2 \div 2 = 1$	16) $7 \times 5 = 35$
3) $2 \div 2 = 1$	10) $6 \times 5 = 30$	17) $1 \div 1 = 1$
4) $2 + 4 = 6$	11) $5 \times 1 = 5$	18) $4 + 1 = 5$
5) $4 + 8 = 12$	12) $8 - 1 = 7$	19) $2 \div 2 = 1$
6) $1 \div 1 = 1$	13) $1 \div 1 = 1$	20) $7 + 7 = 14$
7) $8 - 3 = 5$	14) $2 + 6 = 8$	21) $5 \times 1 = 5$

67 (Solution)

Date:

1) 5 - 1 = 4	8) 2 + 4 = 6	15) 3 x 6 = 18
2) 7 + 3 = 10	9) 2 x 7 = 14	16) 7 x 5 = 35
3) 5 - 3 = 2	10) 6 + 7 = 13	17) 4 ÷ 4 = 1
4) 1 + 4 = 5	11) 2 + 8 = 10	18) 6 + 1 = 7
5) 7 - 4 = 3	12) 3 - 2 = 1	19) 3 + 8 = 11
6) 5 - 4 = 1	13) 3 + 1 = 4	20) 7 + 7 = 14
7) 7 - 6 = 1	14) 7 x 3 = 21	21) 7 + 7 = 14

Page: *171*

Date:

1) 6 - 6 = 0	8) 1 x 8 = 8	15) 8 ÷ 8 = 1
2) 2 ÷ 2 = 1	9) 7 x 2 = 14	16) 6 x 5 = 30
3) 3 ÷ 3 = 1	10) 5 + 3 = 8	17) 1 ÷ 1 = 1
4) 8 ÷ 4 = 2	11) 8 x 8 = 64	18) 7 + 6 = 13
5) 5 x 8 = 40	12) 8 - 3 = 5	19) 3 x 5 = 15
6) 7 ÷ 7 = 1	13) 5 - 4 = 1	20) 6 - 5 = 1
7) 2 ÷ 2 = 1	14) 7 + 8 = 15	21) 7 - 3 = 4

69 (Solution)

Page: 172   Date:

1) 7 - 2 = 5	8) 4 + 3 = 7	15) 7 - 3 = 4
2) 3 + 6 = 9	9) 5 - 4 = 1	16) 6 - 3 = 3
3) 1 ÷ 1 = 1	10) 6 + 1 = 7	17) 7 - 4 = 3
4) 6 - 3 = 3	11) 5 ÷ 5 = 1	18) 5 - 4 = 1
5) 1 ÷ 1 = 1	12) 2 ÷ 2 = 1	19) 6 - 1 = 5
6) 3 + 4 = 7	13) 3 + 7 = 10	20) 2 + 4 = 6
7) 5 ÷ 5 = 1	14) 7 + 3 = 10	21) 4 x 1 = 4

70 (Solution)

Date:

1) 8 - 1 = 7	8) 8 - 3 = 5	15) 5 x 4 = 20
2) 3 + 1 = 4	9) 2 ÷ 2 = 1	16) 4 ÷ 4 = 1
3) 4 x 4 = 16	10) 1 ÷ 1 = 1	17) 6 + 7 = 13
4) 5 - 2 = 3	11) 6 + 7 = 13	18) 3 ÷ 3 = 1
5) 2 + 5 = 7	12) 1 ÷ 1 = 1	19) 7 x 1 = 7
6) 7 ÷ 7 = 1	13) 8 ÷ 4 = 2	20) 7 ÷ 7 = 1
7) 3 x 4 = 12	14) 5 x 8 = 40	21) 7 ÷ 7 = 1

Date:

1) 5 + 5 = 10	8) 1 + 5 = 6	15) 8 x 7 = 56
2) 8 x 6 = 48	9) 5 ÷ 5 = 1	16) 2 x 4 = 8
3) 3 + 8 = 11	10) 7 - 4 = 3	17) 1 + 2 = 3
4) 2 ÷ 2 = 1	11) 4 x 5 = 20	18) 5 x 6 = 30
5) 4 x 4 = 16	12) 5 ÷ 5 = 1	19) 2 ÷ 2 = 1
6) 4 - 2 = 2	13) 4 + 4 = 8	20) 5 x 6 = 30
7) 8 ÷ 2 = 4	14) 3 ÷ 3 = 1	21) 7 - 1 = 6

72 (Solution)

Date:

1) 7 + 4 = 11	8) 1 x 4 = 4	15) 2 + 5 = 7
2) 5 + 2 = 7	9) 7 ÷ 7 = 1	16) 2 + 4 = 6
3) 5 + 6 = 11	10) 1 ÷ 1 = 1	17) 7 - 1 = 6
4) 2 ÷ 2 = 1	11) 3 - 3 = 0	18) 3 x 7 = 21
5) 8 x 6 = 48	12) 2 + 7 = 9	19) 7 - 2 = 5
6) 2 x 6 = 12	13) 1 ÷ 1 = 1	20) 4 + 2 = 6
7) 5 x 8 = 40	14) 8 + 6 = 14	21) 6 + 2 = 8

  Date:

1) $1 + 4 = 5$	8) $6 \times 5 = 30$	15) $3 \times 6 = 18$
2) $5 + 1 = 6$	9) $1 \div 1 = 1$	16) $3 - 1 = 2$
3) $1 + 8 = 9$	10) $8 + 1 = 9$	17) $1 - 1 = 0$
4) $5 + 7 = 12$	11) $3 + 7 = 10$	18) $5 \times 1 = 5$
5) $7 + 1 = 8$	12) $8 \times 6 = 48$	19) $5 - 1 = 4$
6) $1 + 6 = 7$	13) $5 \times 1 = 5$	20) $7 + 2 = 9$
7) $3 \times 6 = 18$	14) $8 - 8 = 0$	21) $5 - 3 = 2$

Page: *177*

Date:

1) 4 x 7 = 28	8) 4 - 3 = 1	15) 4 x 6 = 24
2) 8 - 5 = 3	9) 2 - 1 = 1	16) 3 x 3 = 9
3) 6 x 5 = 30	10) 5 + 2 = 7	17) 7 + 4 = 11
4) 8 x 1 = 8	11) 8 x 8 = 64	18) 7 x 1 = 7
5) 2 + 3 = 5	12) 7 + 3 = 10	19) 7 - 5 = 2
6) 4 ÷ 4 = 1	13) 2 x 8 = 16	20) 7 - 5 = 2
7) 6 - 2 = 4	14) 3 x 6 = 18	21) 4 x 7 = 28

Page: *178*

Date:

1) 3 ÷ 3 = 1	8) 5 ÷ 5 = 1	15) 5 - 1 = 4
2) 7 ÷ 7 = 1	9) 7 - 5 = 2	16) 6 x 2 = 12
3) 1 x 4 = 4	10) 4 + 2 = 6	17) 4 ÷ 2 = 2
4) 7 ÷ 7 = 1	11) 2 x 6 = 12	18) 6 x 7 = 42
5) 6 x 8 = 48	12) 6 - 1 = 5	19) 8 - 1 = 7
6) 8 ÷ 8 = 1	13) 4 ÷ 4 = 1	20) 7 ÷ 7 = 1
7) 3 + 2 = 5	14) 3 ÷ 3 = 1	21) 5 x 4 = 20

76 (Solution)

Date:

1) $2 \div 2 = 1$	8) $7 - 1 = 6$	15) $7 - 4 = 3$
2) $8 + 5 = 13$	9) $7 - 2 = 5$	16) $7 \times 3 = 21$
3) $4 - 4 = 0$	10) $8 \times 3 = 24$	17) $2 \times 5 = 10$
4) $8 - 1 = 7$	11) $1 - 1 = 0$	18) $1 \div 1 = 1$
5) $3 \div 3 = 1$	12) $8 \times 8 = 64$	19) $5 + 4 = 9$
6) $4 \div 4 = 1$	13) $8 + 1 = 9$	20) $7 + 1 = 8$
7) $5 \div 5 = 1$	14) $2 + 4 = 6$	21) $6 \times 7 = 42$

77 (Solution)

Page: *180*   **Date:**

1) 3 - 2 = 1	8) 7 - 1 = 6	15) 7 x 8 = 56
2) 7 x 7 = 49	9) 3 ÷ 3 = 1	16) 6 - 5 = 1
3) 2 + 3 = 5	10) 7 - 3 = 4	17) 1 ÷ 1 = 1
4) 3 ÷ 3 = 1	11) 8 + 2 = 10	18) 5 ÷ 5 = 1
5) 6 x 8 = 48	12) 5 + 8 = 13	19) 2 ÷ 2 = 1
6) 4 ÷ 4 = 1	13) 7 x 3 = 21	20) 7 x 8 = 56
7) 4 ÷ 2 = 2	14) 5 ÷ 5 = 1	21) 8 x 2 = 16

78 (Solution)

Date:

1) 7 - 7 = 0	8) 6 ÷ 2 = 3	15) 4 ÷ 2 = 2
2) 3 ÷ 3 = 1	9) 1 x 8 = 8	16) 4 - 1 = 3
3) 1 ÷ 1 = 1	10) 7 x 2 = 14	17) 8 + 3 = 11
4) 6 - 6 = 0	11) 5 + 3 = 8	18) 3 + 2 = 5
5) 8 + 2 = 10	12) 7 x 6 = 42	19) 8 x 7 = 56
6) 7 x 3 = 21	13) 8 - 3 = 5	20) 7 + 8 = 15
7) 7 x 6 = 42	14) 2 + 3 = 5	21) 5 + 6 = 11

Page: *182*   Date:

1) 8 - 3 = 5	8) 4 + 7 = 11	15) 1 x 8 = 8
2) 4 ÷ 4 = 1	9) 8 ÷ 2 = 4	16) 7 x 1 = 7
3) 7 x 1 = 7	10) 8 - 4 = 4	17) 4 - 2 = 2
4) 1 x 5 = 5	11) 5 ÷ 5 = 1	18) 6 + 8 = 14
5) 3 ÷ 3 = 1	12) 2 - 1 = 1	19) 4 ÷ 4 = 1
6) 1 + 4 = 5	13) 4 + 8 = 12	20) 8 x 2 = 16
7) 3 ÷ 3 = 1	14) 2 ÷ 2 = 1	21) 7 ÷ 7 = 1

80 (Solution)

Date:

1) 8 + 4 = 12	8) 6 ÷ 3 = 2	15) 7 - 5 = 2
2) 1 ÷ 1 = 1	9) 8 - 4 = 4	16) 2 - 1 = 1
3) 6 ÷ 2 = 3	10) 6 - 4 = 2	17) 4 x 8 = 32
4) 1 + 7 = 8	11) 8 - 4 = 4	18) 4 ÷ 2 = 2
5) 8 - 4 = 4	12) 4 x 7 = 28	19) 8 - 4 = 4
6) 6 - 4 = 2	13) 8 - 3 = 5	20) 8 ÷ 4 = 2
7) 8 x 2 = 16	14) 3 x 3 = 9	21) 8 + 4 = 12

Page: *184*   **Date:**

1) 5 x 3 = 15	8) 8 + 3 = 11	15) 2 x 2 = 4
2) 7 ÷ 7 = 1	9) 4 ÷ 4 = 1	16) 7 ÷ 7 = 1
3) 1 ÷ 1 = 1	10) 8 - 5 = 3	17) 6 x 3 = 18
4) 5 ÷ 5 = 1	11) 1 x 1 = 1	18) 2 x 5 = 10
5) 8 ÷ 2 = 4	12) 4 + 1 = 5	19) 5 - 3 = 2
6) 7 - 4 = 3	13) 7 x 4 = 28	20) 2 x 6 = 12
7) 3 ÷ 3 = 1	14) 8 x 1 = 8	21) 3 - 1 = 2

Page: 185

Date:

1) 3 x 2 = 6	8) 4 ÷ 4 = 1	15) 8 x 1 = 8
2) 4 + 1 = 5	9) 6 x 4 = 24	16) 2 x 1 = 2
3) 6 ÷ 6 = 1	10) 8 ÷ 8 = 1	17) 1 + 2 = 3
4) 2 x 5 = 10	11) 6 x 5 = 30	18) 7 x 8 = 56
5) 8 - 4 = 4	12) 1 ÷ 1 = 1	19) 5 + 5 = 10
6) 3 - 2 = 1	13) 5 + 4 = 9	20) 4 x 4 = 16
7) 6 - 3 = 3	14) 1 + 6 = 7	21) 7 - 3 = 4

Page: *186*

Date:

1) 1 + 6 = 7	8) 6 ÷ 6 = 1	15) 5 - 3 = 2
2) 5 + 4 = 9	9) 2 - 1 = 1	16) 2 - 1 = 1
3) 2 ÷ 2 = 1	10) 6 + 2 = 8	17) 5 ÷ 5 = 1
4) 4 + 4 = 8	11) 8 x 8 = 64	18) 8 x 3 = 24
5) 1 x 6 = 6	12) 5 + 1 = 6	19) 3 - 1 = 2
6) 3 + 8 = 11	13) 2 x 8 = 16	20) 6 x 6 = 36
7) 2 ÷ 2 = 1	14) 3 x 7 = 21	21) 7 x 4 = 28

Page: *187*

Date:

1) $8 \div 2 = 4$	8) $6 + 3 = 9$	15) $8 \div 4 = 2$
2) $8 \times 2 = 16$	9) $2 - 1 = 1$	16) $6 + 7 = 13$
3) $7 + 4 = 11$	10) $1 \times 3 = 3$	17) $5 + 5 = 10$
4) $5 + 2 = 7$	11) $4 + 4 = 8$	18) $8 - 3 = 5$
5) $3 + 5 = 8$	12) $1 \times 5 = 5$	19) $7 \div 7 = 1$
6) $8 \times 6 = 48$	13) $1 + 2 = 3$	20) $7 \div 7 = 1$
7) $8 - 4 = 4$	14) $8 - 5 = 3$	21) $3 + 2 = 5$

Page: *188*   Date:

1) $2 \times 3 = 6$	8) $7 \div 7 = 1$	15) $6 \times 3 = 18$
2) $5 + 6 = 11$	9) $3 \times 3 = 9$	16) $7 - 5 = 2$
3) $8 \div 8 = 1$	10) $3 - 2 = 1$	17) $1 \div 1 = 1$
4) $5 \times 1 = 5$	11) $5 - 4 = 1$	18) $1 \times 1 = 1$
5) $7 \times 3 = 21$	12) $5 + 5 = 10$	19) $4 + 3 = 7$
6) $3 \times 7 = 21$	13) $8 + 8 = 16$	20) $4 + 7 = 11$
7) $8 - 4 = 4$	14) $5 + 1 = 6$	21) $7 - 6 = 1$

86 (Solution)

Date:

1) 3 x 5 = 15	8) 8 - 2 = 6	15) 8 - 6 = 2
2) 7 ÷ 7 = 1	9) 6 - 3 = 3	16) 6 x 4 = 24
3) 8 ÷ 8 = 1	10) 6 + 8 = 14	17) 8 - 4 = 4
4) 1 ÷ 1 = 1	11) 4 - 3 = 1	18) 8 x 5 = 40
5) 8 - 7 = 1	12) 4 + 6 = 10	19) 8 + 8 = 16
6) 4 - 1 = 3	13) 1 ÷ 1 = 1	20) 5 x 4 = 20
7) 5 + 8 = 13	14) 5 + 3 = 8	21) 1 ÷ 1 = 1

Page: *190* Date:

1) 3 + 4 = 7	8) 1 + 2 = 3	15) 5 + 2 = 7
2) 6 ÷ 2 = 3	9) 3 + 4 = 7	16) 3 ÷ 3 = 1
3) 5 x 3 = 15	10) 4 ÷ 2 = 2	17) 1 + 4 = 5
4) 3 + 6 = 9	11) 8 - 1 = 7	18) 1 x 7 = 7
5) 7 - 5 = 2	12) 3 x 2 = 6	19) 4 - 3 = 1
6) 5 ÷ 5 = 1	13) 8 x 5 = 40	20) 2 ÷ 2 = 1
7) 8 - 7 = 1	14) 5 ÷ 5 = 1	21) 7 + 6 = 13

Page: *191*

Date:

1) 8 + 1 = 9	8) 1 x 1 = 1	15) 2 + 7 = 9
2) 1 + 2 = 3	9) 7 x 8 = 56	16) 5 + 6 = 11
3) 3 ÷ 3 = 1	10) 2 ÷ 2 = 1	17) 7 + 6 = 13
4) 5 + 2 = 7	11) 3 + 4 = 7	18) 6 x 7 = 42
5) 1 + 7 = 8	12) 6 - 1 = 5	19) 7 x 1 = 7
6) 3 x 2 = 6	13) 6 x 7 = 42	20) 1 x 1 = 1
7) 1 ÷ 1 = 1	14) 6 + 5 = 11	21) 3 x 4 = 12

89 (Solution)

Date:

1) 3 ÷ 3 = 1	8) 8 - 2 = 6	15) 2 x 4 = 8
2) 4 - 2 = 2	9) 4 x 6 = 24	16) 4 ÷ 4 = 1
3) 7 + 8 = 15	10) 2 + 5 = 7	17) 4 + 8 = 12
4) 8 - 3 = 5	11) 1 ÷ 1 = 1	18) 8 ÷ 8 = 1
5) 7 - 2 = 5	12) 7 - 3 = 4	19) 4 - 1 = 3
6) 4 x 3 = 12	13) 8 x 8 = 64	20) 6 - 6 = 0
7) 5 - 5 = 0	14) 7 x 3 = 21	21) 2 ÷ 2 = 1

90 (Solution)

Date:

1) 7 - 3 = 4	8) 5 - 2 = 3	15) 7 x 7 = 49
2) 2 - 1 = 1	9) 5 ÷ 5 = 1	16) 1 + 5 = 6
3) 6 x 5 = 30	10) 4 + 5 = 9	17) 1 ÷ 1 = 1
4) 3 - 3 = 0	11) 1 ÷ 1 = 1	18) 8 ÷ 4 = 2
5) 7 x 4 = 28	12) 6 x 2 = 12	19) 1 ÷ 1 = 1
6) 1 ÷ 1 = 1	13) 7 + 3 = 10	20) 4 ÷ 4 = 1
7) 5 + 1 = 6	14) 7 x 5 = 35	21) 2 + 3 = 5

91 (Solution)

Date:

1) 8 x 2 = 16	8) 6 - 5 = 1	15) 4 ÷ 2 = 2
2) 8 ÷ 2 = 4	9) 8 - 7 = 1	16) 6 - 2 = 4
3) 7 ÷ 7 = 1	10) 8 ÷ 2 = 4	17) 7 - 5 = 2
4) 3 + 5 = 8	11) 7 x 3 = 21	18) 4 ÷ 2 = 2
5) 4 x 7 = 28	12) 5 + 1 = 6	19) 5 x 5 = 25
6) 8 ÷ 8 = 1	13) 1 ÷ 1 = 1	20) 6 ÷ 6 = 1
7) 5 x 3 = 15	14) 5 + 5 = 10	21) 4 + 4 = 8

92 (Solution)

Date:

1) 7 x 7 = 49	8) 3 ÷ 3 = 1	15) 8 - 8 = 0
2) 4 ÷ 4 = 1	9) 8 - 1 = 7	16) 6 ÷ 2 = 3
3) 3 + 5 = 8	10) 2 + 3 = 5	17) 1 + 7 = 8
4) 4 ÷ 4 = 1	11) 2 + 3 = 5	18) 5 + 7 = 12
5) 1 x 4 = 4	12) 4 + 3 = 7	19) 6 + 1 = 7
6) 3 x 8 = 24	13) 1 ÷ 1 = 1	20) 2 x 4 = 8
7) 8 + 1 = 9	14) 8 + 4 = 12	21) 7 ÷ 7 = 1

Page: 196 Date:

1) 2 ÷ 2 = 1	8) 1 x 4 = 4	15) 1 + 5 = 6
2) 5 ÷ 5 = 1	9) 3 ÷ 3 = 1	16) 6 - 4 = 2
3) 7 ÷ 7 = 1	10) 2 + 6 = 8	17) 3 x 5 = 15
4) 8 x 1 = 8	11) 4 - 3 = 1	18) 7 - 3 = 4
5) 7 - 3 = 4	12) 7 ÷ 7 = 1	19) 4 + 1 = 5
6) 2 x 8 = 16	13) 5 - 4 = 1	20) 2 x 5 = 10
7) 5 ÷ 5 = 1	14) 1 ÷ 1 = 1	21) 6 + 2 = 8

94 (Solution)

Date:

1) 4 x 7 = 28	8) 6 x 4 = 24	15) 3 x 1 = 3
2) 2 x 7 = 14	9) 3 - 3 = 0	16) 5 x 3 = 15
3) 4 - 3 = 1	10) 5 x 3 = 15	17) 2 + 8 = 10
4) 8 x 2 = 16	11) 6 x 1 = 6	18) 8 + 8 = 16
5) 6 x 7 = 42	12) 1 + 4 = 5	19) 7 x 1 = 7
6) 5 x 1 = 5	13) 5 - 3 = 2	20) 3 ÷ 3 = 1
7) 2 - 1 = 1	14) 7 + 4 = 11	21) 8 - 7 = 1

95 (Solution)

Date:

1) 8 - 6 = 2	8) 3 ÷ 3 = 1	15) 8 - 5 = 3
2) 6 + 6 = 12	9) 3 - 2 = 1	16) 8 x 7 = 56
3) 4 + 1 = 5	10) 6 ÷ 2 = 3	17) 5 ÷ 5 = 1
4) 2 ÷ 2 = 1	11) 2 x 3 = 6	18) 8 x 4 = 32
5) 6 ÷ 2 = 3	12) 6 x 7 = 42	19) 6 x 1 = 6
6) 6 + 3 = 9	13) 7 - 7 = 0	20) 4 - 3 = 1
7) 8 + 7 = 15	14) 4 + 3 = 7	21) 3 + 2 = 5

96 (Solution)

Date:

1) $4 \div 4 = 1$	8) $2 \div 2 = 1$	15) $5 \div 5 = 1$
2) $1 \div 1 = 1$	9) $5 \div 5 = 1$	16) $3 \div 3 = 1$
3) $6 + 6 = 12$	10) $8 + 3 = 11$	17) $4 + 7 = 11$
4) $7 \times 2 = 14$	11) $5 - 3 = 2$	18) $4 + 5 = 9$
5) $3 \times 8 = 24$	12) $5 \div 5 = 1$	19) $4 \div 2 = 2$
6) $2 + 1 = 3$	13) $5 \times 1 = 5$	20) $7 + 7 = 14$
7) $3 \times 4 = 12$	14) $6 - 3 = 3$	21) $8 \div 8 = 1$

97 (Solution)

Page: 200

Date:

1) 2 ÷ 2 = 1	8) 7 + 6 = 13	15) 2 x 1 = 2
2) 7 + 3 = 10	9) 6 + 8 = 14	16) 5 ÷ 5 = 1
3) 3 - 2 = 1	10) 6 - 5 = 1	17) 6 + 5 = 11
4) 5 ÷ 5 = 1	11) 7 + 3 = 10	18) 8 ÷ 4 = 2
5) 2 ÷ 2 = 1	12) 6 ÷ 2 = 3	19) 3 x 3 = 9
6) 2 ÷ 2 = 1	13) 3 ÷ 3 = 1	20) 5 + 6 = 11
7) 7 ÷ 7 = 1	14) 4 x 2 = 8	21) 8 + 5 = 13

98 (Solution)

Date:

1) 3 - 3 = 0	8) 8 - 2 = 6	15) 4 ÷ 2 = 2
2) 2 ÷ 2 = 1	9) 3 ÷ 3 = 1	16) 5 + 4 = 9
3) 7 + 7 = 14	10) 8 - 7 = 1	17) 7 x 8 = 56
4) 1 x 2 = 2	11) 1 + 2 = 3	18) 7 ÷ 7 = 1
5) 6 ÷ 2 = 3	12) 3 + 4 = 7	19) 3 ÷ 3 = 1
6) 8 - 1 = 7	13) 6 + 6 = 12	20) 8 ÷ 8 = 1
7) 2 x 5 = 10	14) 1 + 1 = 2	21) 6 - 6 = 0

99 (Solution)

Date:

1) 6 x 7 = 42	8) 6 ÷ 3 = 2	15) 8 - 2 = 6
2) 2 x 7 = 14	9) 4 + 8 = 12	16) 5 x 7 = 35
3) 8 - 1 = 7	10) 7 + 8 = 15	17) 7 - 6 = 1
4) 1 ÷ 1 = 1	11) 8 - 3 = 5	18) 3 + 7 = 10
5) 8 ÷ 8 = 1	12) 5 + 8 = 13	19) 5 ÷ 5 = 1
6) 4 + 4 = 8	13) 2 x 4 = 8	20) 7 - 4 = 3
7) 6 ÷ 2 = 3	14) 8 x 5 = 40	21) 1 + 6 = 7

100 (Solution)

Date:

1) $8 \div 8 = 1$	8) $8 + 8 = 16$	15) $1 + 4 = 5$
2) $5 - 1 = 4$	9) $8 \div 4 = 2$	16) $2 \div 2 = 1$
3) $6 - 4 = 2$	10) $1 \div 1 = 1$	17) $2 + 4 = 6$
4) $5 \times 8 = 40$	11) $7 + 3 = 10$	18) $3 \div 3 = 1$
5) $4 \div 4 = 1$	12) $8 \div 4 = 2$	19) $6 \times 6 = 36$
6) $4 - 1 = 3$	13) $6 - 4 = 2$	20) $3 \div 3 = 1$
7) $3 \times 6 = 18$	14) $2 \times 6 = 12$	21) $5 + 1 = 6$

www.ingramcontent.com/pod-product-compliance
Lightning Source LLC
Chambersburg PA
CBHW080736120726
48001CB00009B/2605

* 9 7 9 8 3 5 2 3 1 5 9 8 9 *